U0252912

AI时代

弯道超车新思维

AI Revolution

Outpacing the Future

李尚龙

著

清华大学出版社

北京

内 容 简 介

这是一本引人深思的书，它深刻探讨了人工智能对社会、行业以及个人生活的影响。作者通过自身经历和对 AI 技术的深入理解，带领读者走进一个充满机遇和挑战的未来世界。本书不仅揭示了 AI 如何改变我们的生活，还提出了普通人借助 AI 技术实现弯道超车的具体策略。每一章内容都紧扣时代脉搏，以生动的案例和翔实的数据展示了 AI 技术的广泛应用和未来发展趋势。如果你对未来充满疑虑，或者想了解如何在 AI 时代脱颖而出，这本书将为你提供独特的视角和实用的指导，帮助你在技术变革中找到属于自己的机会。通过阅读，你不仅能了解 AI，更能学会如何与 AI 共舞，掌握未来职业发展的主动权。

图书在版编目（CIP）数据

AI时代：弯道超车新思维 / 李尚龙著. --北京：
清华大学出版社，2024. 11(2025.1重印）. --ISBN
978-7-302-67573-0

Ⅰ. TP18

中国国家版本馆CIP数据核字第20241RQ410号

责任编辑： 张尚国
封面设计： 别境Lab
版式设计： 楠竹文化
责任校对： 范文芳
责任印制： 杨　艳

出版发行： 清华大学出版社
　　　　　网　　　址：https://www.tup.com.cn，https://www.wqxuetang.com
　　　　　地　　　址：北京清华大学学研大厦A座　　邮　　编：100084
　　　　　社　总　机：010-83470000　　　　　　　邮　　购：010-62786544
　　　　　投稿与读者服务：010-62776969，c-service@tup.tsinghua.edu.cn
　　　　　质量反馈：010-62772015，zhiliang@tup.tsinghua.edu.cn
印　装　者： 大厂回族自治县彩虹印刷有限公司
经　　销： 全国新华书店
开　　本： 145mm×210mm　　**印　　张：** 7.5　　**字　　数：** 189千字
版　　次： 2024年11月第1版　　　　　　　　　**印　　次：** 2025年1月第5次印刷
定　　价： 69.80元

产品编号：109430-01

作为一个作家，我为什么决定出国读 AI ？

2023 年是我人生中非常重要的一年，那年我 33 岁，感觉一切没了意义，于是我做了一个大胆的决定——出国留学。

于是我开始申请学校：自己写 PS（personal statement，个人陈述），自己发邮件，并且在这一年拿到了多伦多大学的录取通知书。

于是，有了这本书。

留学的日子里有两件事是我没想到的。第一，我学的人工智能专业的大量知识并不在课堂和学校里，因为书本中的知识早过时了，大多数知识只能在商业实践中得到。第二，我有大量的时间看书、走访企业，更重要的是，我可以安下心来写作了。

于是，在刚到加拿大的半年里，我开始动笔写作，我想把我看到的北美人工智能的发展写下来。我一边写，一边把部分内容实时录制成短视频发给身边的朋友，不料我的视频号火了，没几个月就突破了一百万粉丝。

所以，我精心准备了 30 讲内容，录制成了一门课，这门课适合每一位对未来的技术怀有兴趣的人士。因为新时代的到来，大家太焦虑了。但一门课远远不够，还必须有一些可以落地的作品。当我有这个想法时，正好清华大学出版社的编辑找到了我，于是，我又花了几个月的时间，把我的课程里的精华部分总结成了书。

感谢清华大学出版社编辑的约稿，让我的思考和文字能够被更多人看到。

在人工智能时代的帷幕逐渐拉开之际，许多人对未来充满了忧虑，尤其是在短视频横行的今天，他们生怕自己和孩子在这场技术变革中被无情淘汰。然而，我深信，只要你持续学习，并勇于接受新事物，这个时代就不会遗弃你。无论年龄几何，只要心态开放，你便有能力懂得人工智能是什么，因为在新行业面前，每个人都是新手。所以，我写这本书的目的就是带领你深入探究人工智能的本质，揭开其背后的奥秘。

在此之前，请允许我做个简单的自我介绍。我叫李尚龙，也许你曾在多个平台上见过我分享的关于人工智能与科技的内容。

我大学时主修信息工程专业，学习内容涵盖了计算机科学、模拟电路、数字电路。然而，在大三那年，我选择了退学。这一决定并不是源于我对专业的厌倦，而是因为我无法忍受循规蹈矩的生活，我渴望走出一条拥抱未知与新奇的道路。

正是在那个时期，我开始全身心地投入英语学习，最终我的口语水平得到了显著提升。大二那年，我参加了一场英语演讲比赛，出乎意料地获得了北京市冠军，并在全国比赛中斩获季军。随后，我参加了雅思考试，并取得了 8 分的优异成绩。这一成就为我打开了进入新东方英语教学机构的大门，使我有机会成为一名英语教师。如果没有这段经历，我或许不会有今天阅读如此多英文原版文献并与你们分享的机会。

在新东方工作的那几年，我学到了两件至关重要的事情：首先，终身学习是与时代保持同步的唯一途径；其次，拥抱新时代是保持青春活力的秘诀。这两条经验背后，是我不断地进行深入学习的实践。我为自己在那个阶段成为一名英语教师而感到庆幸，因为英语为我开启了一个全新的世界。

在本书中，我所讲述的几乎所有内容都是在阅读大量英文文献后，用自己的语言精心翻译和阐释的。在其中一节，我将与大家探讨学习英语的重要性。毕竟，现今众多与智慧、科技、技术相关的知识与理念，是由英语传递的。

在新东方任教的几年间，互联网时代悄然来临。我听朋友说，以前一个班最多能容纳几百人，而在互联网的推动下，一个班可以同时容纳几万甚至几十万人在线学习。通过一根网线，你便能影响到更多的学生。当时我年仅 24 岁，对互联网知之甚少，更无法预见互联网教育将如何深刻地改变世界。但当时我为自己设定了两条铁律在冥冥中指引了我的未来：一是我要拥抱新事物，二是我要终身学习。正是这两条铁律促使我和我的团队决定投入互联网的怀抱。

于是，我从新东方辞职，与团队共同创立了大学英语四六级、考研网站——考虫网。在接下来的几年里，我们影响了超过 2000 万的付费用户。这些学生曾经上过我们的大学英语四六级、考研课程，如今他们已经走向社会，逐步成长起来。也许你们中的一些人曾经上过我的课，读过我的书，那时你们还年少，现在已然长大，成为社会各界的中坚力量。如果你曾是我的学生，那么现在，我们将在书中再续前缘。

考虫网在创立十年后，因教培行业的衰落和自身运营出了问题，最终不得不走向倒闭。我们选择体面地结束了这一切：所有员工得到了 N+1 的赔偿，未完成课程的学生也拿回了全额学费，合作方的欠款也悉数偿还。

我个人还有两家科技教育公司，但想想，自己还年轻，不用那么着急重新投入市场，便停下了手头的工作。在经历了一段时间的沉思之后，我决定重新启程，再次拥抱这个世界。

正因如此，我来到了加拿大多伦多大学，攻读人工智能专业的研究生课程。我深知，如今的世界，知识已不再是唯一的制胜法宝。如果依旧按照过去的方式经营教育行业，通过打信息差让更多的学生掌握课堂上的知识，这种模式本身已经落伍了。

在人工智能时代，机器可以轻松连接无数的知识点，只要你能提出一个好问题，就能得到最为精准的答案。因此，与其掌握大量的知识，不如深入了解人工智能的底层运作原理；与其成为知识的奴隶，不如学会提出真正有价值的问题。

这本书特别适合以下几类人群。

（1）为孩子的未来感到焦虑的家长。尤其是对于那些希望孩子在 AI 时代能够考上名校、提升学历的家长，本书能够帮助他们了解如何通过 AI 技术为孩子提供更好的教育和未来发展的路径。

（2）对 AI 技术感兴趣的职场人士。对于希望在工作中应用 AI 技术提升工作效率、实现职业发展的专业人士，本书提供了具体的 AI 工具和应用策略，以帮助他们在职场中脱颖而出。

（3）面临职业转型困惑的从业者。对于那些在传统行业中感受到"瓶颈"，寻求新机会的从业者，本书提供了利用 AI 实现职业弯道超车的实际案例和建议。

（4）准备创业或投资 AI 领域的创业者。本书详细介绍了 AI 在各个行业中的应用前景，特别适合有意在 AI 领域创业或投资的个人，为他们提供了一定的启发和指导。

（5）对未来社会发展趋势感兴趣的读者。对于关心技术如何改变社会、经济和日常生活的读者，本书通过丰富的案例和分析，能让他们更清晰地认识到 AI 带来的变革及其未来走向。

（6）希望提升自身竞争力的普通人。本书适合那些想在激烈的社会竞争中找到立足之地，渴望通过学习和应用 AI 技术提升个人竞争力的人群。

请你仔细阅读，因为我将彻底颠覆你对这些事情的传统认知。

在书中，我不仅讲述了许多关于人工智能的故事，还分享了未来的发展趋势，涵盖多个行业，甚至涉及丰富的历史知识。

你将发现，世界充满了无限趣味，因为我不仅会告诉你人工智能的奥秘，还会带你回顾过去、审视现在，并展望未来的诸多可能性。

在我启程前往加拿大之前，我与几位出版界的朋友共进晚餐。他们明显感到焦虑，因为他们的书籍销量开始下滑。他们一度认为，是新媒体抢走了他们的市场份额，但实际上，问题的根源在于他们的书籍内容本身正在逐渐失去价值。曾经，人们购买书籍是为了获取新鲜的观点和知识，而现在，新媒体已经贡献了这些内容。在人工智能时代，有些书中所写的东西可能一文不值。你可能花费一年的时间写作十万字，但人工智能只需两秒钟就能读完，并提取出最重要的内容。如今，我们真正需要的是全新的思维方式。

作为一名作家，我曾出版过十多本畅销书，其中《你只是看起来很努力》售出了数百万册。然而，我深知，如果这些书在当下重新推向市场，绝不可能再取得同样的销量，因为书中的知识在现阶段已经变得廉价，网上几乎随处可见，人工智能能够以最快的速度检索并总结这些内容。然而，即便如此，我依然有信心判断出什么样的书能够卖出超过百万册，什么样的知识依然具有市场价值。在本书中，我将分享哪些领域是不会被人工智能轻易取代的。只要你专注于这些领域，你的生活必将越来越美好。

所以，在我和编辑沟通的过程中，张尚国编辑多次强调：这本书不是技术书，千万不要做成技术书，要做成科普书，要让每个人都能看懂。

我说，那当然，我就写一本科普书吧。

在我录制线上课程的过程中，还发生了一个特别有趣的事情。制作一个时长六七个小时的课程，涵盖六七十万字的逐字稿，通常需要一个三四十人的团队协作完成。然而，我却独自完成了所有的写稿、录制、剪辑和包装工作。

是我个人如此强大吗？其实并非如此。这一切的实现，依赖于我多年讲课的经验、广泛的阅读积累、深厚的英文材料阅读能力，以及卓越的表达技巧，更重要的是，我借助了几款强大的 AI 工具（别急，在书里我会跟大家分享）。

对了，在本书中，我还会向大家介绍其他优秀的 AI 工具。我曾撰写过一本与 AI 相关的书，名为《年轻人会用的 AI 写作》，这本书现已成为国家开放大学的教材。

在写那本书的时候，我曾经问自己一个问题：如果我写完之后，AI 的逻辑发生了变化，那么我这本书是否就会无人问津？毕竟时代在不断变化。同样的疑问也出现在我写作这本书时的脑海中。如果有一天，所有的 AI 逻辑发生了变化，时代也随之改变，那么我该怎么办？

然而，在写本书的过程中，我找到了答案。这个答案其实非常简单：只要你所传递的内容涉及人性的底层逻辑，那么无论科技如何发展，由于人性几乎从未改变过，科技的进步必然基于那些最基本、不变的人性需求。因此，只要你扎根于这些不变的基础，你的作品就能够历久弥新。

所以，请你一边阅读这本书，一边问自己一个问题：在未来我要怎么和 AI 结合？

我曾经参与录制一档综艺节目，叫作《超级演说家》。当时，主办方问我会讲什么主题。我想了一下，谈到这样一个观点：风口来了，猪也会飞起来，但当风口消失后，猪就会掉下来，甚至摔死。因此，我的建议是不要盲目追逐风口。

如今，AI 正处在风口上，很多人都在追逐它。为什么？因为它不仅是一个风口，更是一个趋势。当一种趋势到来时，我们应该紧跟其后。风口是短暂的，而趋势是长远的。在未来的五到十年里，这个时代将沿着这个趋势发展。所以，我邀请你与我一起，勇敢地拥抱这个趋势。谢谢大家。

欢迎关注我的微信公众号"李尚龙"，与我互动。

李尚龙

2024 年 9 月

CONTENTS 目 录 **AI**

第 1 章

让我们一起重新认识 AI

随着 AI 的迅速发展，它已从曾经的科幻概念演变为我们日常生活中不可或缺的一部分。本章将带领大家重新认识 AI，揭示其在各个领域中的深远影响，并探讨如何利用这项技术弯道超车。从 AI 的基本概念和发展历程，到它在教育、医疗、金融等行业的应用，每一部分都将为你展示 AI 的潜力和机遇。本章还将带你深入理解 AI 最核心的几个概念，尤其是"算力"与"数据"这两个关键词。此外，还将探讨算法的美妙之处，并通过具体实例揭示其在生活中的广泛应用。

1.1　揭开 AI 的神秘面纱

1. AI 的基础定义

人工智能（artificial intelligence，AI）的本质是计算机模拟人类智力的能力。它已经从初级阶段的简单任务执行，发展成为能够帮助我们处理复杂问题的工具。

关于它的原理，我在这里就不再详述了。如果你想理解它，可以简单地将其想象为计算机的大脑。过去，计算机的大脑或许只能达到一个孩子的智力水平，而现在，这个大脑的智商几乎已经达到了成年人的水平，能够帮助我们处理许多复杂的任务。AI 已经深深地融入我们的日常生活，只要你打开手机，使用的各种软件里几乎都涉及 AI 技术。

曾经，你想听一首好歌，不知道哪首好听，需要身边的人来推荐。而现在，你可以让 AI 为你推荐曲目，或者查询天气预报，这些都只是 AI 应用的冰山一角。

2. 狭义 AI、广义 AI 和超级 AI

我们可以将 AI 分为三类：狭义 AI、广义 AI 和超级 AI。狭义 AI 是目前最常见的形式，它能够执行特定的任务，如语音识别、图像识别和视频分析等。狭义 AI 的"兄弟"是广义 AI，广义 AI 指的是能够完成任何人类可以完成的任务的 AI。这种 AI 目前尚不存在，但它是未来发展的一个重要方向。第三种是超级 AI，这种 AI 将会超越人类所有的智能，这正是《生命 3.0》一书所提到的一个概念。这种 AI 可能会威胁到人类的存在，因此我强烈推荐大家阅读《生命 3.0》这本书。尽管它篇幅较长，但内容非常引人入胜。

此外，我推荐大家观看一部电影：《模仿游戏》。这部电影讲述了被誉为"人工智能之父"的艾伦·图灵的故事。图灵设想，是否可能存在一台机器可以欺骗人类，这就是著名的图灵测试。图灵测试是 AI 历史上重要的里程碑。

3. AI 在各行业中的应用

AI 在办公、教育和医疗等领域扮演着越来越重要的角色，帮助优化工作流程、实现个性化教育和辅助医疗诊断。我们通过 AI 可以快速处理信息，管理数据，并应用于日常生活。

因此，在你阅读完本书的第 1 章后，我建议你务必完成两件事。首先，尽一切可能接触更广阔的世界。这里我就不再赘述具体方法了。其次，请务必注册一个 AI 账号。具体如何注册，可以在网络上搜索一下，有很多方法，此处亦不必赘述。

一旦你拥有了自己的 AI 账号，便可以充分利用人工智能的力量应对这个时代的挑战。AI 在我们的日常生活中已经得到广泛应用。例如，在工作中，AI 可以帮助我们完成自动化办公流程，简化烦琐的表格处理，甚至提供智能客服。在教育领域，AI 实现了个性化学习和智能辅导。你或许还记得 2023 年那场著名的发布会，可汗学院的院长展示了如何用 AI 教自己的孩子学数学，暗示了未来家教行业将迎来巨大的变革。在医疗行业，AI 可以辅助医生进行疾病诊断。现在，当你去医院看病，诊断结束后，医生会将诊断结果上传到 AI 系统获得进一步的辅助分析。在金融领域，AI 能够帮助我们进行理财和投资。你可以将某只股票过去几年的数据输入 AI，让它预测未来的投资趋势。

只要你提出一个好问题，AI 就能在生活的方方面面为你提供帮助，从操作智能音箱、智能灯泡到管理智能手机。

如今，如果你能购买到最新款的手机，尤其是苹果手机，那么可以使用 Siri（苹果智能语音助手）。Siri 已经与 ChatGPT 技术相结合，这正是苹果股价大涨的原因之一。如果你有孩子，我强烈推荐其使用 AI 工具，如果需要购买会员，不妨买一个，这样孩子就等于拥有了一个无所不知、无所不能的老师，可以回答任何问题。此外，AI 工具在处理敏感内容方面非常出色，能确保孩子所接触的内容是安全和适宜的。

如果你对孩子的兴趣还不够了解，想为其做职业规划，可以直接询问 AI。将孩子的相关信息输入，AI 会帮助你为孩子选择未来的课程和发展方向。对你自己也是如此，如果你对未来的职业方向感到迷茫，尤其是希望与 AI 技术结合，那么只需提供更多的信息给 AI，它就能为你提供合理的建议。因此，在本书的后面章节中，我将专门讨论一个至关重要的技能：提出好问题。别小看这个技能，现在很多人还未掌握它。

我经常去大学进行图书签售，有时互动环节让我感到些许失望，因为学生们提的问题五花八门，大多集中在"怎么赚钱？""我该怎么活下去？"这样的问题上。如果你总是关注这些表面问题，那么可能很难真正赚到钱或找到生活的方向，因为这些问题并未触及本质。因此，我会推荐一些关于提问技巧的书籍，以帮助读者更好地明确目标。

此外，AI 还有一个特别热门的应用，那就是与硬件的结合。如果 AI 能够与硬件更紧密地结合，未来的智能机器人将在我们的生活中高效运作。

这里就涉及 AI 与另一个重要领域——生命科学——的结合。如今，AI 已经可以帮助科学家进行基因研究。比如，长久以来科学家一直在努力破解蛋白质折叠的问题，即如何预测蛋白质的三维结构。这是一个巨大的挑战，因为传统方法费时且昂贵。在这个关键时刻，DeepMind——一家专注于开发 AI 技术的公司，推出了一款名为AlphaFold 的 AI 系统。AlphaFold 使用深度学习算法预测蛋白质的三维结构，通过学习已有的蛋白质数据，最终在 2020 年取得了突破。这一事件成为生物学界的里程碑，因为它让未来的基因编辑和蛋白质编辑变得更加高效和安全。而 AlphaFold 的研究者也因此在 2024 年获诺贝尔化学奖。

随着 AI 逐步进入生物医疗和生命科学领域，许多疾病可能会因此被战胜，例如阿尔茨海默病和帕金森症，这些疾病都与蛋白质的结构息息相关。现在，在国外，许多产业已经开始将 AI 与医疗相结合。例如，AI 可以帮助制订个性化的治疗方案。过去，医生为患者制订治疗方案不仅耗费大量人力，还成本高昂。而如今，IBM 开发的 Watson for Oncology（智能肿瘤会诊系统）利用 AI 技术辅助癌症治疗，它通过训练全球最新的医疗文献和数据，使医生能够通过它为患者快速提供个性化的治疗方案。基于深度学习和自然语言处理技术，这款工具能够为患者一对一地提供具体的治疗方案，帮助医生找到最适合的治疗方法。

4. AI 的未来与挑战

随着 AI 自身的发展，其面临的挑战也在不断增加。如何合理使用AI，避免其带来的负面影响，并在发展中把握机遇，将是未来的关键。因此，在未来如果你想开发一款属于自己的 AI 工具，需要具备两个关键要素：首先是明白 ChatGPT 的底层逻辑，也就是强大的算法；其次是大量的数据，用以训练这个 AI。结合大数据和优秀的算法，AI 几乎可以为每一个行业进行革命性赋能。

我想分享一个在硅谷亲历的一件事。我在硅谷曾见到许多志同道合的人，其中包括一些来自国内教培行业的朋友。大家都知道，国内的教培行业在近几年受到了巨大的冲击，这些朋友意识到传统的课程开发已经行不通了，于是开始思考是否能够转向工具开发。在一次长时间的讨论中，我们突然冒出一个大胆的想法：有没有可能"复活"莎士比亚，让他重新回到每一个热爱文学的人的身边？

于是，我们决定尝试用 ChatGPT 训练一款莎士比亚模型。训练的方法其实非常简单。首先，你只需要打开 ChatGPT，告诉它："你就是莎士比亚。"接着，找到网上所有与莎士比亚有关的资料，将这些资料全部输入 ChatGPT 进行训练。

最终，我们成功地创造出了一个莎士比亚模型。你向这个模型提出任何问题，它都会用莎士比亚的口吻回答你。这不仅是对莎士比亚简单的"复活"，更是让已故伟大人物的思想延续的一种新的形式。只要数据足够丰富，结合先进的算法和深度学习，这些历史人物的思想和智慧就能不断被迭代，甚至有可能演变为一种新的存在形式，成为我们世界中的"新物种"。

这样做有什么用呢？

我举一个例子：你敢想象让莎士比亚"亲自"给你讲《罗密欧与朱丽叶》这部剧吗？在 AI 时代，这是可以实现的。

未来已来，请你跟上时代。希望你感受到的人工智能并没有想象中那么复杂和难以理解。

1.2　从图灵测试到深度学习：AI 的进化之旅

1. 图灵测试的启发

人工智能的历史可以追溯到 20 世纪中叶，那时，科学家开始思考一个引人入胜的问题：机器是否有可能具备类似人类的智能？

这个问题的提出标志着人工智能领域的诞生。艾伦·图灵在 1950 年提出了著名的图灵测试。

那时图灵设想，如果一台机器能够在对话中骗过人类，使其无法判断出是在与人还是机器交流，那么这台机器就可以被认为具有智能。图灵测试成为衡量人工智能早期发展的一个重要标准。

2. 深度学习的革命

尽管图灵测试在当时具有开创性意义，但随着技术的进步，科学家逐渐意识到，仅凭机器是否能够模拟人类的对话并不足以全面衡量其智能水平。于是，研究的焦点逐渐从简单的模拟转向更为复杂的计算模型和算法。

在这一过程中，人工智能经历了几次重大变革，从早期基于规则的系统逐步发展到以数据驱动的训练模型为核心的深度学习。

深度学习是人工智能领域的一场革命性突破。它基于模拟人类大脑神经网络的多层架构，使得机器能够通过分析海量数据，自行提取特征并进行复杂的决策。正是通过深度学习的不断演进，人工智能才得以在语音识别、图像识别、自然语言处理等多个领域取得突破性进展。

接下来，我将带你深入了解深度学习的原理和应用，探索这一技术如何推动 AI 从图灵测试时代一路演变至今，成为我们日常生活中不可或缺的一部分。

我如果在这里把深度学习给你讲明白，你就再也不用怕被人用人工智能忽悠了。

因此，我想与大家分享《深度学习：智能时代的核心驱动力量》这本书，其作者是特伦斯·谢诺夫斯基。谢诺夫斯基在人工智能，尤其是在深度学习领域耕耘了 40 年。他不仅是深度学习算法的奠基者之一，也是推动人工智能发展的先驱，被誉为全球人工智能领域的十大科学家之一。谢诺夫斯基的卓越之处在于他创造了"深度学习"这一概念。可以说，没有他的贡献，就没有今天的人工智能。

谢诺夫斯基不仅是神经网络的先驱，还成功地将深度学习从一个边缘课题转变为互联网科技公司依赖的核心技术，推动了人工智能的"井喷式"发展。

《深度学习：智能时代的核心驱动力量》这本书是人工智能学习者的必读书。深入理解这本书，你还会了解到人脑的深度学习是如何运作的，因为计算机的深度学习模式是对人脑工作方式的模拟。请记住：深度学习是人工智能的灵魂。深度学习是一种模仿人脑工作方式的计算机技术。它的核心目的是处理海量数据和复杂任务，这就是我们常说的算法。

就像人脑是由无数神经元构成的一样，机器的神经网络也由无数节点组成。这些节点连接成特定的网络结构，形成了一个类似于人脑神经网络的计算模型。这些节点之间的联系和互动正是深度学习能够处理复杂问题并做出智能决策的基础。

3. 深度学习的应用与面临的挑战

随着数据量和复杂度的增加，如何有效处理数据和提升模型的精度是 AI 面临的挑战。

比如，现在的卷积神经网络主要用于图像识别。它能够识别出图像中的各种特征，并在自动驾驶汽车技术中得到广泛应用，用于识别路标、行人等信息。

再举个例子，循环神经网络擅长处理序列数据，如理解和生成文本。像智能助手 Siri 和 ChatGPT，就是通过循环神经网络理解和回应你的语音命令的。

如今，从医疗到科技，深度学习技术已经在各个领域得到了广泛应用。例如，谷歌的翻译服务利用深度学习实现了多语言的翻译，极大地方便了我们的日常交流。

深度学习推动了当前 AI 的发展。我们现在能够使用如此强大的人工智能，正是因为它背后有深度学习技术的支撑。就 AI 在生物医疗和生命科学领域的应用方面，中国的华大基因的基因测序取得了显著进展。华大基因利用 AI 技术大幅提升了基因测序的速度和准确性。传统的基因测序不仅成本高昂，耗时长，而且数据分析过程复杂。而华大基因引入 AI 技术后，通过深度学习算法，能够更快速地处理海量基因数据，并准确识别其中的关键变异点。

特别是在基因检测和疾病预防方面，华大基因的 AI 系统已经开始被广泛应用。举例来说，在新生儿基因筛查中，AI 技术可以帮助快速分析新生儿的基因组，筛查出潜在的遗传疾病，从而为早期干预提供可能。这项技术的应用显著提高了检测效率，降低了误诊率，并为早期诊断和治疗提供了更精准的依据。

此外，华大基因还在推动个性化医疗的发展。通过对患者基因组的全面分析，AI 系统能够为患者制订个性化的治疗方案，尤其是在癌症治疗方面。例如，针对不同患者的基因特征，AI 可以推荐最适合的药物组合和治疗方法，从而提高治疗效果，减少副作用。这些技术的应用使得中国在生物医疗和生命科学领域逐渐走向世界前沿，为全球健康事业贡献了重要力量。

深度学习还为未来的创新奠定了基础。了解其原理和发展历程将有助于我们更好地理解 AI 的进化与未来潜力。

4. 深度学习的历史进程和原理

深度学习的发展历程充满了坎坷。在不到 60 年的时间里，它经历了三次严重的危机，每一次都将人工智能推向了死胡同，但幸运的是，每一次都有一些杰出的人才将它拯救回来。

1956 年，四位美国科学家共同发起了一个名为达特茅斯夏季人工智能研究计划的项目，这是人工智能领域的奠基之举，在圈内非常有名。这四位科学家开启了人工智能领域的专项研究，而人们在最初研究人工智能时便分成了两个阵营。

1）研究人工智能的两个阵营

一个阵营是设计派，他们认为人工智能可以自上而下地被设计出来，只要为它设定明确的符号、规则和方法，再通过编程输入计算机，计算机就能够拥有理性的思考能力。但这一切都需要设计，这有点儿类似基督教的观点——这个世界是由伟大的上帝设计的。

另一个阵营则截然不同，被称为学习派。他们认为，世界上有许多东西是无法通过设计实现的。最近，OpenAI 的联合创始人推出了一本书——《为什么伟大不能被设计》，正是学习派的代表作品。这本书反映了学习派的理念，即有些事物是无法通过单纯的设计得来的，而需要通过不断的学习和进化来实现。

学习派的核心理念是：大多数问题都无法通过简单的设计来解决，而是可以通过提供大量的文本和数据让计算机不断学习，逐渐拥有智能，继而解决问题。

举个例子，如果我们要教计算机识别一个苹果，按照设计派的方式，我们需要一步步告诉它什么是苹果，并让它慢慢理解这个概念。

而学习派则采取了完全不同的方法，他们通过给计算机输入大量的图片，相当于教计算机自己认识和归纳：这幅图是苹果，另一幅图也是苹果，久而久之，计算机便能自主地识别出苹果，并且能够区分香蕉、橘子等其他水果，因为它通过大量的数据找到了识别的规律。

你怎么看待这个问题？

我每次看这段历史，都会感叹：这不就是灌输教育吗？现在的一些家长在教育孩子时，采用的方式其实就是设计派的思路，不停地灌输知识，不管对方理解不理解，先让其背下来，最后连机器都受不了了，何况是人呢？

灌输教育的反面是素质教育，什么是素质教育呢？素质教育更像是让孩子通过接触大量的事物，逐渐理解和认识这些事物。就像孩子见过大量的苹果后，自然就会意识到"这是苹果"。这种方式与人类大脑的工作方式更为相似。素质教育更符合学习派的理念。因此，学习派的核心思想就是通过学习和模仿人类大脑的运作方式，通过大量的学习案例来理解事物，最终实现智能化。

2）第一次重大危机与解除

然而，在人工智能的早期阶段，大多数研究者认为机器是不可能自行学习的，他们坚信机器的智能必须由人类传授，因此更倾向于设计派的思路。这种偏见导致了人工智能领域的第一次重大危机。

为了帮读者理解这场危机，这里不得不提到一个著名的难题：积木问题。如何教会机器人像小朋友一样堆积木呢？积木问题的目标是编写一个能够理解和执行命令的程序，比如找到一块黄色的大积木，把它放在红色积木上，然后将这个命令转化为机器手臂可以完成的动作。对于小朋友来说，这似乎是再简单不过的任务，但要教会机器人堆积木却极其困难。

科学家们为此编写了一个庞大的程序，结果却错误频出。光是让计算机正确地识别出黄色的积木就已经非常棘手了。程序一次次崩溃，科学家们也感到无比沮丧。积木问题看似简单，却在编程上极为复杂，以至于科学家无法解决。如果连积木问题都无法攻克，那更复杂的任务，如盖房子之类的目标就更遥不可及了。这个问题一直难以解决，直到 2016 年，学习派通过深度学习技术终于找到了解决方案。早在 60 年前，设计派的研究者就遇到了这个巨大的挑战，但少数坚定的学习派科学家坚信，通过模仿人类的学习过程，人工智能一定能够找到一种可行的算法。

接下来，我们要谈到康奈尔大学的弗兰克·罗森布拉特教授，他在 1957 年发明了感知机[①]，首次实现了人工智能领域的重大突破。通过识别大量的图片，比如区分哪些是苹果，哪些不是苹果，感知机逐渐形成了一套标准，从而能够成功识别出苹果。它既然能够识别出苹果，也就能够识别出坦克。因此，感知机很快被应用到军方的项目中，这一成果甚至登上了《纽约时报》。感知机能够识别坦克，这在战争中具有重要意义：既然它能识别坦克，也就能识别枪支。

这一研究发现的方向无疑是正确的，科学家们决定让感知机处理更复杂的问题，并继续模仿人类的学习过程。

---

① 也称"感知器"。

3）第二次重大危机与解除

感知机模仿的是神经元，各个神经元组成一个庞大的网络，这个方向本来没问题。然而，在1969年，人工智能框架理论的创立者马文·明斯基在他所著的《感知机》一书中指出，单个感知机只能解决有限的问题，要处理更复杂的任务，必须将更多的感知机连接起来，形成人工神经网络。但他在书中断言，无法找到一种可行的算法来训练人工神经网络。这一断言几乎堵死了人工神经网络的发展道路，这就是人工智能的第二次危机。很多人工智能研究者读过这本书后，都认为连大师都觉得不可行，那这条路基本上就走不通了。

然而，少数科学家并不认同明斯基的结论，其中就包括《深度学习：智能时代的核心驱动力量》的作者谢诺夫斯基。1985年，谢诺夫斯基提出了一个算法，叫玻尔兹曼机，这个算法打破了明斯基的预言。谢诺夫斯基和明斯基在2006年还相互交流了这个话题，明斯基因为这件事向谢诺夫斯基表示感谢，并向人工智能研究者道歉。

找到了感知机之间的沟通方式后，科学家终于能够创建庞大的人工神经网络，来处理更复杂的问题。于是，第二次人工智能浪潮应运而生。这波浪潮带来了智能翻译、语音识别和无人驾驶技术的初步应用，时间大概是1995年前后。

4）第三次重大危机与解除

然而，到1995年，人们再次对人工智能失去了信心，因为尽管算法在理论上是可行的，实际应用进展却异常缓慢。大家都知道人工智能有巨大的潜力，却不知道如何有效地将其应用到现实生活中。人工智能研究者只能继续优化算法，同时耐心地等待技术发展的契机。

摩尔定律告诉我们，芯片内晶体管的数量每两年翻一倍，运算能力也随之翻倍。这种运算能力的指数式增长在时间的积累下显得异常惊人，因为两年翻一倍，10 年就是 32 倍。人工智能得益于芯片技术的飞速进步，计算能力变得越来越强大。从 2012 年开始，强大的芯片算力结合深度学习算法，推动了人工智能的第三次浪潮，也就是我们今天所经历的这场人工智能革命。

这个浪潮究竟会持续多久？我认为至少还会持续 10 年。这就是为什么我要拥抱这波浪潮——风口可以不追，但浪潮和趋势一定要追随。

5）三次人工智能浪潮及其对生活的启示

回顾历史，从 1959 年到 1969 年，人工智能经历了 10 年的兴起期，随后进入了长达 17 年的低谷期。从 1986 年到 1995 年，人工智能再次经历了 10 年的发展高峰，但接着又进入了另一个低谷期。2012 年，新的人工智能浪潮再次兴起，至今人工智能已达到发展的高潮。未来会如何发展？我们无法预知。然而，从这些浪潮中，我们可以看到一个清晰的趋势：人工智能的发展有一定的周期。万事万物皆有其发展周期。一个事物兴起，往往意味着它未来会衰落。而当它走向低谷时，人们也不必过于悲观，因为它终有再度崛起的一天。

科技如此，生活亦然。

因此，我邀请你跟我一起深入探索这本书，希望你在了解深度学习的过程中，能够领悟到以下这两件重要的事情。

其一，人类大脑与计算机在某种程度上是如此相似——都是通过大量的经验和理解得出结论的复杂系统。其二，在这个世界上，你可以选择不相信很多事物，但一定要相信周期理论，因为无论是行业的兴衰还是人生的起伏，皆无可避免地遵循这一规律。

每一个在谷底的人都可以此共勉。

1.3　怎么利用 AI 实现弯道超车？

1. AI 在个性化学习中的应用

首先，让我们来探讨如何通过 AI 提升学习效果。

北美有一种流行的学习体系叫自适应学习系统，那么什么是自适应学习系统呢？它是一种能够根据学生的学习进度和需求，动态调整学习内容和学习难度的系统。每个人的学习进度和需求都不同，所以这种系统被称为"自适应"系统。

这种个性化的学习方式能够最大限度地提高学习效率，让每个学生都能在自己的节奏中取得最佳的学习效果。

今天，自适应学习系统在一些西方国家已经被广泛应用，这与其教育资源密切相关。一个老师一般只需面对四五个学生。在这种情况下，老师可以确保每个学生都按照自己的节奏和步骤进行学习，因为老师有足够的时间关注每个学生的个性化需求。

自适应学习系统的强大之处在于，它能够根据每个学生的学习进度和需求动态调整学习的难度和内容。这样一来，每个学生都可以在适合自己的节奏中学习，最大限度地提高学习效果。这种个性化的学习方式特别适合资源丰富且教师有时间、精力关注每个学生进度的环境。而随着人工智能技术的发展，我们也有机会借助自适应学习系统弥补资源上的不足，为每个学生提供更加个性化的教育体验。

接下来，我给你推荐几款自适应学习的 AI 软件。

1）Knewton——自适应学习平台

Knewton 是专为教育领域设计的平台。它利用 AI 技术分析学生的学习习惯、进度和理解水平，自动调整学习内容的难度和顺序，以便为每个学生提供最合适的学习体验。Knewton 广泛应用于 K-12 教育、高等教育以及在线课程平台，可以帮助学生更高效地掌握知识。

使用方法如下：

◆ 注册并整合平台。Knewton 可以集成到学校的在线教育平台中，学校管理员或老师可以通过注册账户将 Knewton 与现有的学习管理系统整合在一起。

◆ 个性化学习路径。学生登录后，Knewton 会根据其历史学习数据、测验结果和学习行为生成个性化的学习路径。学生可以按照系统推荐的顺序和难度进行学习。

◆ 实时反馈和调整。在学习过程中，Knewton 会不断地分析学生的表现，并实时调整学习材料的难度和内容，确保学生在适合自己的节奏中学习。教师也可以通过后台看到每个学生的学习进展，并进行必要的指导。

2）DreamBox——数学自适应学习系统

DreamBox 是专为 K-8 学生设计的。它利用 AI 技术为每个学生提供个性化的数学学习体验。DreamBox 能够实时调整题目难度和教学方式，帮助学生实现对从基础数学技能到高级数学概念的逐步掌握。它特别适合希望通过个性化学习提升数学成绩的学生和学校。

使用方法如下：

◆ 注册并开始学习。学生通过学校或家长注册 DreamBox 账户，进入学习界面。

◆ 个性化数学练习。DreamBox 会为每个学生分配适合其当前水平的数学练习，系统根据学生的反应和表现，实时调整题目难度和练习内容。

◆ 数据驱动的教学。教师可以通过 DreamBox 提供的数据分析工具实时跟踪学生的学习进度，识别学生的薄弱环节，并为学生提供有针对性的辅导和资源。

3）ALEKS——自适应学习评估系统

ALEKS（assessment and learning in knowledge spaces）广泛应用于数学、科学和商业课程的教学中。ALEKS 通过精确的诊断测试，了解学生对各个知识点的掌握情况，并生成个性化的学习路径，帮助学生填补知识空白，巩固学习成果。

使用方法如下：

◆ 注册并进行诊断评估。学生注册 ALEKS 账户后，首先会进行一个全面的诊断测试，以评估其在特定学科中的知识掌握情况。

◆ 生成个性化学习路径。根据测试结果，ALEKS 会为每个学生生成一个个性化的学习路径，学生可以按照系统推荐的顺序逐步学习。

◆ 动态调整学习进程。在学习过程中，ALEKS 会不断评估学生的掌握情况，自动调整学习内容，确保学生在巩固知识的同时，不断挑战更高难度的内容。

4）Squirrel Ai（松鼠 Ai）

松鼠 Ai 的独特之处在于，它能够在学生学习的过程中，实时收集和分析他们的学习数据，然后提供个性化的辅导。这种实时反馈机制使得每个学生都能获得量身定制的学习体验。

松鼠 Ai 是国内教培行业在遭遇巨大变革后，少数成功转型的公司之一，也可以说是转型速度最快的公司之一。我在三四线城市做过演讲，每次演讲完家长都捧着松鼠 Ai 的设备问我应该怎么学习。现在松鼠 Ai 的迅速崛起不是偶然，是拥抱时代的结果。松鼠 Ai 的底层技术采用了 ChatGPT 结合大数据算法，这种技术的应用使得松鼠 Ai 在个性化教育领域表现出色。

如果你能够充分利用像松鼠 Ai 这样的工具，那么你的学习效率一定能够大幅提升，实现"弯道超车"。松鼠 Ai 的成功不仅展示了人工智能在教育领域的巨大潜力，也证明了在正确的技术支持下，个性化学习可以带来显著的效果。

说完学习，也说说工作。作为一个工作控——每天不工作就不舒服的人，我可以负责任地告诉大家，我不需要其他人做助手，因为我发现，AI 就是我的得力助手。对于我来说，很多工作可以直接使用 AI。总的来说一句话，所有可以被复制的，都可以被 AI 替代。

2. 借助 AI 技术提升工作效率

借助 AI 技术，许多烦琐的工作任务可以自动化，减少人工错误，提高工作效率。AI 还可以通过智能数据分析辅助决策。

同样地，提升工作效率的原理也是相似的。自动化工作流程是 AI 时代的重要手段之一。只要是可以复制、重复或有固定流程的任务，AI 都能够通过自动化来解决，从而大大提高工作效率。

在这方面，有许多强大的工具可以使用，我将逐一为大家推荐。首先是一款名为 Blue Prism 的工具。Blue Prism 利用的是机器人流程自动化技术，可以自动生成财务报表，并将过去几年的财务数据一键展示在你面前，同时指出其中可能存在的问题。这款工具的底层技术基于 ChatGPT，能够有效减少人工错误，提高财务管理的效率。

智能数据分析也是提高工作效率的关键。过去，你可能需要花费大量时间自己分析数据，而现在通过 AI 进行大数据分析，不仅可以为你提供决策支持，还能为业务优化提出建议。例如，有一款名为 Tableau 的工具，它利用 AI 的底层架构进行数据可视化和分析，帮助企业做出基于数据的决策。Tableau 可以将复杂的数据转换为直观的图表，使决策过程更加高效和精准。

另外，我特别喜欢的一款工具叫作 Power BI。这也是基于大数据和 AI 的工具，适用于各个行业。无论你想了解教培行业、影视行业，还是其他领域，Power BI 都能为你提供最原始和最新的数据支持。很多人看到我的视频会问："你提到的这些数据是从哪里来的？"答案就是 Power BI。它是微软公司旗下的重要产品，其口号非常简单："建立数据与决策之间的桥梁。"有了 Power BI，你无须亲自查找和分析数据，因为它已经为你设计好了所有的流程，你只需直接应用它提供的结果即可。这样，在别人还在查找资料时，你已经可以通过 AI 工具大幅提高效率，实现"弯道超车"。

在处理信息差方面，AI 工具更不可或缺。例如，你可以用 AI 构建知识图谱，提供智能搜索和信息整合服务。AI 能够快速筛选和整合大量的信息资源，帮助你在信息爆炸的时代抓住关键要素，从而在竞争中占得先机。

Microsoft Academic Graph 是一款专门为学术研究设计的工具，它通过 AI 技术分析海量学术文献，提供智能搜索和知识推荐功能。对于写论文的同学来说，这款 AI 工具尤为重要，它能够帮助你快速找到高质量的学术资源，并生成可靠的数据和参考文献，极大地提高了写作效率和论文质量。

3. 利用信息差实现突破

在信息化时代，掌握关键信息能够带来巨大的竞争优势。通过 AI 工具快速获取和分析信息，能帮助我们缩小信息差，抓住机遇。

同时，智能助手和信息管理也是处理信息差的重要工具。你可以利用 AI 助手管理你的日程、处理信息，并获得一些实用的建议。我特别推荐谷歌助理，这款 AI 驱动的智能助手实在是太好用了。我在备课时，每天的时间规划都依赖于谷歌助理，因为它不仅能帮我进行日常管理，还能处理邮件、提供建议，极大地简化了我的工作流程。很多烦琐的任务可以通过它轻松完成，真的是非常方便。

通过我介绍的这些工具，希望大家能够深入了解如何利用 AI 提升学习效果、提高工作效率以及处理信息差。AI 技术不仅在个人发展方面大有可为，在职场中，它更能为你提供"弯道超车"的机会。善用这些 AI 工具，将会帮助你在竞争中占据有利位置，实现更高效、更精准的发展。

1.4　AI 大词儿：算力与数据

1. 生产力、生产关系与生产资料的类比

接下来我要给大家讲几个专有名词。

我要解释算力和数据的重要性，因为你们听到太多这样的词了，而人工智能的核心实际上只有三件事：算力、数据和算法。

我上大学的时候学过马克思的《资本论》，其中提到，要获得财富，无论是个人还是整个时代，都需要搞清楚生产力、生产关系和生产资料的概念。

生产力指的是在生产过程中，人们使用工具、设备和技术将原材料

转化为产品的能力。例如，在农业社会，生产力指的是农民使用工具种植农作物的能力；在工业社会，生产力则是工厂利用机器和流水线制造产品的能力。

生产关系指的是在生产过程中，人与人形成的社会关系。简单来说，就是人们在生产过程中如何进行分工与合作。在农业社会，生产关系表现为地主与农民之间的关系，地主提供土地，农民负责耕种；在工业社会，生产关系是工厂老板与工人之间的关系，工厂老板提供设备和场地，工人负责生产。

生产资料指的是用于生产产品的所有资源、工具、设备和原材料。简单来说，就是生产所需的材料和工具。在农业社会，生产资料包括土地、种子、锄头和犁；在工业社会，生产资料包括机器、原材料和能源，如电力和煤炭。

我为什么要讲这些概念？因为在新时代，这些概念已经发生了变化。

（1）数据是新的生产资料。在 AI 时代，数据就像工业时代的原材料，是 AI 系统运行和学习的基础。所有的 AI 应用都依赖于大量的数据进行训练和优化。

（2）算力是新的生产力。算力，指的是计算能力，类似于工业时代的机器设备。高效的算力可以快速处理和分析大量数据，是推动 AI 发展的关键力量。

（3）算法是新的生产关系。算法是指一系列计算步骤和规则，它们指导 AI 系统处理数据并做出决策。虽然算法设计者的数量有限，但这些算法决定了 AI 系统的性能和效率，就像生产关系决定了社会生产力的发展方式一样。

本节重点讲解数据和算力。为什么不详细讲算法呢？因为全世界精通算法的人不多，我国在算法领域的高级人才也相对较少。但如果普通人能够理解算力和数据，那已经非常了不起了。

我曾提到，未来的数据将成为最重要的资产。那么，什么是数字资产？首先，请大家记住一句话：算力和数据是驱动现代科技的核心。即便有一天 ChatGPT 的算法开源了，算法的重要性也会降低，因为每个人所获得的算法都是相同的，但算力和数据依然是推动科技不断前进的关键力量。

2. 什么是算力？

1）算力的概念：重要性和计算机体验

随着芯片技术的发展，算力成为推动 AI 进步的重要因素，影响着从游戏体验到工作效率的各个方面。

什么是算力？简言之，算力就是计算机处理数据的能力，它类似于大脑的思考速度和能力。更多的算力意味着计算机能够更快、更高效地完成任务。算力由什么决定？主要由芯片决定。

算力的重要性不言而喻，因为计算机的基本工作依赖于算力。计算机通过执行指令和处理数据完成各种任务，而这一切都离不开算力。如何提高算力？方法其实很简单：增加处理器的数量，提高处理器的速度。我向大家推荐一本书，叫作《算力时代：一场新的产业革命》。这本书详细地探讨了算力在现代社会中的重要性和未来的发展方向。

不同的算力会带来不同的计算体验。比如，市面上常见的笔记本计算机价格为什么差异那么大？原因就在于它们的配置不同。高配置的计算机有更强的算力。对于我们普通人来说，一定要投资购买一台算力好的计算机，这不仅能提高游戏体验，还能让你在工作中保持更好的心情和更高的效率。手机同样如此，算力越高，使用体验越好，反之则可能出现滞后和卡顿的现象。简单来说，没有算力，我们的现代生活的便利性将受影响。

所以，我建议大家去看看《算力时代：一场新的产业革命》这本书。它的三位作者都是中国移动的顶尖专家，书中探讨了算力的未来发展，非常值得一读。我在读完之后才知道我国在算力方面做过这么多的努力。

2）从历史的角度理解算力

为了让读者更明白"算力"这个词，下面需要从历史的角度进行探讨。算力，从广义上看，就是人类处理信息的能力。因此，算力的发展历程实际上就是人类处理信息能力的发展历程。这一历程可以追溯到非常久远的时期，甚至可以说从人类进化出手指的那一刻就开始了。

人类最初使用手指数数，这实际上就是最早的算力雏形。我们今天为什么使用十进制的计数法？原因就是我们有 10 根手指。在远古时期，人类通过手指进行简单的计数，而到了中国的商朝，人们开始用更加复杂的工具进行计数，比如使用长度、粗细等规格或小棍子表示数字。如果你看过电影《封神榜》，那么可能记得其中的周文王。他使用小棍子算卦。这些小棍子通过不同的摆放方式表示从 1 到 9 的数字，这种方法被称为算筹。算筹是人类最早的算力工具之一，它帮助人们实现了基本的计数功能。

然而，随着计数需求的增加，算筹在处理复杂的加减乘除运算时变得越来越麻烦。于是，到了元代后期，我们有了算盘。算盘替代了算筹，成为历史上最早公认的计算工具。算盘不仅在中国得到广泛使用，还流传到了日本、朝鲜和东南亚各国，甚至传到了西方。算盘能够解决一些简单的算术问题,但在面对大量复杂的计算任务时,算盘的算力也显得不足。这也是为什么算盘最终被更高级的计算工具替代。我们这一代人在小时候还要上算盘班学算术,这实际上也是算力发展的一个阶段。

1642 年,法国数学家布莱上·帕斯卡发明了一种滚轮式的加法器。这种加法器外形是一个长方体的盒子,盒子内部分布着五个定位齿轮,分别代表个、十、百、千、万位。使用时,人们通过旋转钥匙转动齿轮,齿轮顺时针旋转是做加法,逆时针旋转则是做减法。这是人类历史上第一台机械式计算工具。

不要小看这个工具,它对后来的计算工具发明产生了深远影响。仅仅 30 年后,德国数学家戈特弗里德·莱布尼茨在帕斯卡加法器的基础上,发明了著名的莱布尼茨乘法器,这是历史上第一台能够进行四则运算的机械式计算器。

时间来到 19 世纪初,有一位英国数学家名叫查尔斯·巴贝奇,他发明了一种更为先进的计算器,称为"巴贝奇拆分机"。这一发明不仅能够进行计算,还具备了一个极为重要的功能—数据存储。换句话说,巴贝奇拆分机不仅能计算结果,还能够将结果储存起来。这个装置内设有齿轮式的储存库,每个齿轮都可以存储十个数,齿轮组成的列阵总共可以储存一千个 50 位的数。这是人类历史上最早的数据存储系统。对于这些存储的数据,巴贝奇还设计了一种"分析机"进行数据分析。直到今天,我们使用的所有计算机,都是在巴贝奇的这一设计基础上发展而来的。有了数据还不够,还需要进行分析,而巴贝奇的分析机由储存装置、运算装置和控制装置三个部分组成,这一结构也被现代计算机一直沿用。

到了 20 世纪中期,电子计算机的出现使得人类的计算工具发生了质的变化。这一转变标志着计算工具从机械式转变为电子式，从每一步都需要人工操作，转变为只需下达指令，计算机便可自动完成计算。电子计算机的能力，即我们所说的"算力"，主要取决于它内部的芯片。从 20 世纪中期第一台电子计算机出现，到今天，计算机的体积逐渐缩小，运算速度不断提升：从最初的计算机占地上百平方米，如同一栋房子般大小，到现在的计算机可以如同书本一般轻松装进包里；从一开始每秒只能进行几百次到几千次运算，到如今每秒可以进行几千万次、亿万次计算，甚至更高的运算速度。

现如今，我们的智能手机和计算机拥有了数据计算、图形计算、信号处理等多种功能，这些功能都集合在一颗小小的芯片上。智能手表、智能耳机、智能跑鞋和智能家居之所以能够接收并处理我们产生的行为数据，正是因为它们内部装有传感器和集成处理芯片。这些设备能够分析数据并给予相应的反馈，依赖的正是它们内部强大的计算能力。我们要感谢伟大的巴贝奇，正是他奠定了现代计算机的结构基础，也因此，现在计算机领域的许多专利都可以追溯到他的设计思想。

一句话总结，人类的科技发展史就是不断提升对能量使用的能力和对信息处理能力的历史，而这也正是算力的发展史。

3. 什么是数据和云计算？

接下来要讲数据。我们经常听到一个词叫"大数据"，那么什么是大数据呢？其实，我们现在在网上说的每一句话、打的每一个字、拍的每一帧视频，全部是数据。随着数据的不断产生和积累，数据的容量越来越大，类型也越来越多，这就是大数据。大数据有三个重要特点：容量大、类型多，并且随时随地都在产生新的数据。

举个例子，过去你买一张火车票，它只是一个通行证；而现在，它同时也是你的出行数据。以前你去餐馆吃饭，吃完就结束了；但如今，你的吃饭和购物记录都会被保存到网上，转化为你的消费数据。如果你还使用了微信运动或智能手表，那么你的心跳、运动、行程等生理和行为信息也都变成了数据。这些数据，只有在近些年才被真正转化为可以利用的资源。以前，你做了什么事，没人知道；但现在，只要你的手机在运行，你的每一个行为都会生成并被记录为数据。

然而，随着这些数据的数量越来越庞大，如果没有足够的算力支持，我们就无法对这些数据进行有效的收集、描述和归类，也就无法将这些数据转化为现实生活中有用的信息和知识。因此，请大家记住，数据如果只放在你自己那里，是没有太大价值的；数据必须被公开和共享，才有可能真正发挥作用。有人可能会担心隐私问题，我的理解是：如果是隐私，就不要公开，但只有你的数据是公开的，它才有可能变得有用。

那么，数据的应用是如何体现的呢？其实这个过程并不复杂，主要是从数据到信息再到知识的转化。这个过程，我用一个简单的案例来说明。假设你在一家餐厅吃饭，餐厅老板收集了顾客的点单时间、点的菜品、付款金额等数据。通过这些数据，人工智能可以推断出顾客对哪些菜品更喜好，以及餐厅在一天中哪些时段的客流量较高，这些推断就构成了信息。根据这些信息，餐厅可以得出某些规律，比如应该准备什么菜、什么时候开门、什么时候关门，这些规律就是知识。因此，数据、信息和知识之间是层递关系：先有数据，通过人工智能将其转化为信息，再由人脑将信息总结为知识。

因此，光有数据是不够的，你必须系统性地对它们进行整理和分析，才能将其真正转化为有用的知识。这也再次说明了算力的重要性，因为算力是支撑这一切的基础。

这也正是为什么在这个时代，数据被称为新的生产资料。随着数据的不断增多，你需要强大的算力来支持这一切，你需要内部的处理芯片不断提升算力的能力。当然，在大数据时代，单靠手机内部的芯片处理数据是不够的，这就引出了一个新的概念——云计算。云计算是一种将计算任务从本地设备转移到远程数据中心完成的计算方式。通过网络，你可以将数据上传到云端，由远方的强大计算中心完成计算，再将结果传回本地，这样就大大地节省了本地设备的算力，不需要在本地花费大量资源处理数据。

云计算的应用非常广泛，例如谷歌，作为全球云计算的领军企业之一，目前拥有的服务器数量已经超过了 100 万台，分布在全球各地，包括美国的加利福尼亚州、爱荷华州，欧洲的爱尔兰、芬兰、比利时，以及亚太地区的日本和韩国，还有南美洲的巴西。中国的云端服务器数量未予公开，但根据中国信息通信研究院的估算，2020 年我国的算力产业规模已经达到两万亿元，各类直接和间接带动的经济产出总计达到 8 万亿元。换句话说，在算力产业上每投入 1 元，平均可以带动三四元的 GDP 增长；算力产业规模每增长 1%，就能撬动 GDP 增长 0.2%。

这也是为什么我们要拥抱人工智能，为什么商业需要与 AI 结合。如此巨大的投入和潜力，你若不关注、不积极参与，如何从中获取财富呢？在这个离不开大数据和云计算的时代，算力已经成为推动经济发展的重要引擎，而抓住这一趋势，正是未来成功的关键所在。

4. 数据的意义与大数据的特性

大数据的特性包括容量大、类型多、实时性强。我们日常生活中的每个行为都在生成数据，而这些数据通过 AI 的处理，能够转化为信息和知识，帮助我们做出更好的决策。

总之，数据、算力和算法共同构成了这个时代最基本的生产机制。数据是新的生产资料，算力是新的生产力，算法则是新的生产关系。在当今这个 AI 和科技引领发展的时代，生产力的含义已经发生了转变。比如，自动驾驶技术中的计算机处理大量实时数据并做出驾驶决策的能力，就是现代生产力之一。

生产关系可以指公司内部不同团队之间的合作关系，或者人和 AI 的互动关系。比如，AI 工程师负责开发算法，数据科学家提供数据，这种合作关系就是当代的生产关系。又如，在本书的创作过程中，AI 为我收集了一些基本资料，这同样是一种生产关系。感谢 AI，使我写作的效率大幅提高。

5. 算力与数据的结合：云计算与时代变革

云计算将计算任务从本地设备转移到远程数据中心完成，这不仅提高了效率，还让算力和数据处理能力大幅提升。未来，算力与数据的结合将继续推动各行各业的数字化转型，成为新的经济引擎。

在 AI 和科技领域，生产资料包括计算机硬件、数据、算法和软件工具。例如，开发一个 AI 系统所需的计算机硬件、训练数据、开发环境以及算法，都是现代的生产资料。时代大变迁，如果没有算力的提高，我们根本不会有今天的大数据。大数据的出现促使我们进行更深入的研究，进而需要更多的数据，而这又需要更强的算力来支撑。

因此，想真正理解并把握这个时代的脉搏，我们就必须理解这两个关键概念——数据和算力。

1.5　算法之美：计算机面临的难题

1. 模式识别与预测：AI 的思考逻辑

AI 在处理模式识别和预测时，采用了与人类类似的逻辑。无论是识别猫的图片还是预测天气，AI 通过学习大量数据建立模型，并逐渐优化其判断能力。这种思维模式与我们人类的学习过程有相似之处。

我先举几个例子说明 AI 和人类思考逻辑相似的地方。

1）模式识别

人类。当你看到一只猫时，你的脑海中会立即浮现出"这是一只猫"的判断。这是因为你的大脑通过大量的经验（看到过许多猫）已经建立了一个"猫"的模式。

AI。类似地，AI 通过训练，接触大量关于猫的图片，建立起对"猫"的识别模式。当 AI 再次看到一张猫的图片时，它能够快速判断"这是一只猫"。

2）预测与推理

人类。如果你看到乌云密布，你可能预测即将下雨，这是基于你过去的经验和观察得出的结论。

AI。AI 同样可以通过大量数据进行预测。比如，天气预测系统就是通过分析历史天气数据和当前气象条件来推断未来的天气状况的。

3）学习过程

人类。当你学习一项新技能（如弹钢琴）时，你通过不断练习，逐渐从最基础的动作开始，慢慢掌握复杂的技巧，这是一个学习和逐步积累的过程。

AI。AI 通过一种叫作"强化学习"的方法，也能像人类一样，通过不断试错，逐渐优化自己的行为。例如，AI 在玩复杂的电子游戏时，可以通过不断尝试和调整策略，最终学会如何在游戏中取得胜利。

4）语言理解

人类。当你阅读一段文字时，你会根据上下文和语境理解其含义，即便这段话中有一些不常见的词汇或句子结构，你的大脑仍然能够综合理解整段话的意思。

AI。AI 使用自然语言处理技术，通过分析大量文本，学习如何理解和生成语言。比如，AI 能够根据上下文补全句子、生成文本，甚至在对话中做出合理的回应。

5）问题解决

人类。当你遇到一个复杂的问题时，你会先分析问题的各个部分，然后逐步解决每个部分，最终解决整个问题。

AI。AI 通过分解问题的步骤，也可以逐步找到解决方案。例如，AI 可以在下棋时评估每一步的可能结果，然后选择最优的走法，从而赢得比赛。

2. 计算机的思考方式对人的启发

那么，计算机的思考方式对人有启发吗？答案是有。我曾做过一个统计，发现很多关注人工智能的读者都是妈妈，可能她们想看看人工智能能不能在孩子的教育或者自己的学习上提供一些启示。我觉得人工智能不仅能用在教育方面，还能在其他很多方面给予帮助。因此，今天我想和大家聊聊计算机和人类思考方式之间的相似之处。

我记得在很多年前，有一位清华大学的教授跟我讲，他们在训练机器人双腿直立行走时曾经遇到一个场景：机器人一条腿绊着另一条腿，结果摔倒了。这还是 20 世纪 90 年代的事情，如今，机器人已经非常熟练地掌握了直立行走的技能，双腿机器人未来很可能会出现在每个家庭里。当时教授说了一句话，我小时候没听懂，长大后才明白：机器人的学习过程和人类非常相似。人类在小时候如何学习走路，机器人在未来也是如此学习的。不同的是，机器人可以不断学习，而人类到一定年纪后可能就停止学习了。这句话给我留下了很深的印象，所以今天我想和大家分享计算机或者机器人在算法中做决定时的三个关键步骤，这些步骤也能给我们人类的学习带来很多启示。

3.《算法之美》与决策难题

我要推荐一本书，作者叫布莱恩·克里斯汀，书名是《算法之美》。这本书探讨了计算机在面对决策问题时是如何解决的。我把书中的内容总结成了三个关键问题：第一，如何抓住最佳决策时机？计算机是如何算出最佳时机的？第二，如何最有效地规划时间？第三，如何关注全局，放弃对细节的执念？《算法之美》这本书写得非常精彩，当年我对计算机科学毫无兴趣，但读完这本书后，我明白了很多道理。这本书是以计算机科学的思维方式写成的，通过它，你可以理解计算机是如何做出决定的。

现在我们做一个假设：你要做人生中一个非常重要的决定，比如是否买房、结婚、出国等。你会怎么做决定？如果你每天脑子一热就做了决定，那么这样的决定往往让你事后后悔多于满意。为什么呢？因为拍脑袋做的决定通常只符合当下的情境，而情境是容易改变的。那么，计算机如何做决定呢？其实，计算机和人类一样，也需要在信息不全、资源有限且充满不确定性的情况下做出最佳判断。但不同的是，计算机依赖的是客观的数据运算，而不是瞬间的情感冲动。

4. 零信息博弈的最佳决策：37% 法则

接下来，我们探讨计算机在面对复杂决策时的一个重要概念——零信息博弈。这个名词听起来很复杂，但它其实指的是在信息极其有限的情况下，如何分析潜在情况并做出最佳决策。虽然背后的逻辑相当复杂，但我可以直接给你结论：根据计算机的运算结果，在零信息博弈的情况下，最佳的决策点通常是在你决策总时限的 37% 时。这是通过一系列复杂的数学运算得出的，至于具体的计算过程，如果你感兴趣，可以问 ChatGPT，我就不展开讲了。

举个例子，比如你要买房，你给自己设定了一个月的时间用来做决定。根据这个 37% 的法则，最佳的决策时机是在第十一天（30 天的 37% 大约是 11 天）。在前十天，无论看到多么心动的房子都不要着急出手，要耐心观察。从第十一天开始，只要看到比之前更好的房子，就可以果断出手。

再举一个例子，关于什么时候结婚。假设你计划在 18 ～ 40 岁结婚，也就是说你在这段时间里寻找合适的伴侣。如果你不知道什么时候结婚最合适，可以根据同样的 37% 法则选择最佳时间点。18 ～ 40 岁的 37% 大约是 26.1 岁。所以，在此之前，无论遇到多么合适的人选，比如你的发小、同班同学或者初恋，都要克制一下，谈恋爱可以，但不要着急结婚。过了 26.1 岁之后，只要遇到比之前更合适的人选，就可以考虑结婚了。

同样的道理也适用于跳槽。假设你要在 10 家公司中选择一个最合适的跳槽机会，你可以在前 3 家公司中只观察、不行动，无论待遇多么优渥，都果断拒绝。从第 4 家公司开始，一旦发现比前 3 家公司更合适的公司，就可以去尝试，这就是 37% 的法则在行动中的运用。虽然你不一定能做出 100% 正确的决定，但按照这个原则，你做出最佳选择的概率会大大提高。

有人可能会问，在实际生活中如何应用这个 37% 的原则呢？其实很简单，你只需要记住 37% 大约是前 1/3 的时段，具体数值不需要太精确。在做决定时，只要确保你在前半场稍微往中间走一点的位置做出决定，就基本符合这个原则了。比如，如果你面前有三个宝箱，里面都有钱，那么最佳的策略是先不开第一个，先开第二个。这种最佳决策时刻在计算机科学中被称为"最优停止"，通俗一点说，就是"见好就收"。

当然，虽然这个算法逻辑非常有趣，并且在理论上有效，但做人最重要的还是开心。无论是买房、结婚还是跳槽，这些大决定最终还是要看你的心情和个人幸福感，别给自己太多压力，开心和获得满足感才是最重要的。

再举个例子，假设你正在寻找一个合适的公寓租住，并且决定在未来三个月内找到一个理想的住所。你有一个清晰的预算和地理位置要求，打算在这个时间段内查看大约 30 套公寓，并做出最终决定。在你看房的过程中，前几套公寓各有优缺点，但你总觉得可以找到更好的。

1.6　决策最佳时机原理

1. 决策法则与算法应用

讲到计算机的算法逻辑，我们可以从中学到很多道理。比如说，当许多任务同时压过来时，应该先做哪一个？想象一下，有一天早上，你突然发现作业还没做完，前一天的一堆信息没回复，健身的目标已经好几天没达成了，想看的书还没翻开，想看的电影还没看，说好要和女朋友煲电话粥也没时间。这么多事情压在一起，你该先做哪一件？换句话说，你的优先级是什么？

算法的美妙之处就在于，当你在有限的时间内需要完成多项任务时，应该从耗时最短的任务开始。所以，耗时最长的那些任务可以暂时排到后面去。那么什么样的任务耗时最短呢？比如，回信息是耗时最短的，所以可以先抓紧时间把信息回完。

再举个例子，如果你有两件事要做，一件非常简单，且一天就能完成，另一件需要七八天时间，那么你应该先做最简单的那件事。你会发现，这个原则其实非常有意思。我每天早上起来准备写作时，也会先处理最简单的部分，因为这样可以让我更快地进入状态，这实际上就是一种算法的应用。

2. 算法背后的原理

算法背后的原理其实很简单，它涉及人脑和计算机的一个共同特点，那就是存储原理。人脑和计算机的存储方式有一个共同点，它们都依赖于缓存。当我们从网上下载电影时，常常会看到"缓存"这个词。缓存指的是一种高速存储和读取的空间。假设计算机的硬盘能放很多东西，存储能力很强，但每次我们想要找到某个东西时，都需要从海量的数据中寻找，这很不方便。因此，我们会把经常使用的东西放到一个容易拿到的地方，这个地方就是缓存。虽然缓存的存储能力有限，但它的读取速度非常快，而从硬盘这种大存储器里拿东西就慢得多。

在计算机里，缓存是分级的，即根据使用频率的不同，分为多个等级。如今，大多数笔记本电脑和手机的缓存等级已经比较高了，有时候手机运行速度变慢，清理一下缓存就能提升速度。因此，大家会发现，如果经常使用微信，点开微信时反应会很快，而那些不常用的软件则会变得特别慢，打开时需要等待很长时间。

人脑也有类似的缓存机制。想一想，有些信息如果你长时间不用，它们就像沉到海底一样，被压在记忆的深处。但是当你频繁使用某些信息时，它们会越来越接近记忆的表层，变得更容易提取。比如，你还记得小学时同桌在某个特定的周一没有戴红领巾吗？这个信息虽然可能还在你的大脑里，但要花很长时间才能提取出来，因为它早已被埋在记忆的深处。

回到最初的问题，为什么我们要从耗时最短的任务开始做起？这其实是为了及时清理大脑的缓存，使大脑保持最佳状态。这也是计算机的思考逻辑，计算机会始终使自己处于潜能最优状态，确保随时有能力运行最复杂的程序。所以，它一定会把那些简单的任务优先处理。这套策略被称为最优缓存策略，其目的就是保持系统的最佳状态。

因此，大家需要记住一个原则：在任务的重要程度相同的情况下，优先从耗时最短的任务开始做起；而在重要程度不同的情况下，则应从任务密度最大的事情做起。

那么，什么是任务密度？任务密度可以理解为一项任务的单位时间价值。举个例子，如果一项任务需要 10 个小时完成，可以创造 10 万元的经济价值，那么这项任务的密度就是每小时 1 万元。换句话说，任务密度就相当于工作的性价比——用金钱来衡量的性价比。

假设你今天早上有两件事要做，一件一个小时能赚 80 元，另一件一个小时只能赚 6 元，那么你应该先做那件能赚 80 元的事，因为它的任务密度更高，性价比更好。这种做法不仅能让你在单位时间内创造更多的价值，也能确保你始终在做最有意义、最有价值的事情。

同样，计算机在运行时也会优先处理那些能够释放更多可用空间的任务，同时确保当前正在进行的任务是"最值钱"的。这种逻辑不仅能优化资源使用，还能确保系统始终在高效运转，非常有意思。

3. 优化时间与任务管理：从简单任务开始

AI 在处理任务时，优先选择耗时最短的任务来保持系统的高效运行。这一策略也适用于日常生活中的任务管理：优先完成简单任务，能够帮助我们保持大脑的"缓存"，提高工作效率。

假设你是一位忙碌的家长，每天都面临着工作、家务和孩子教育等多重任务。一天早上，你发现有很多事情需要处理：要帮助孩子复习功课、给孩子准备午餐、检查孩子的作业、带孩子去参加体育活动，以及整理家里的杂物。面对这些任务，你可能会感到无从下手。

根据最优缓存策略，你可以先处理那些耗时最短的任务。比如，检查孩子的作业可能只需要几分钟，这项任务相对简单，可以迅速完成。你可以先把这件事做完，这样不仅让你感觉任务减少了，也能让孩子及时得到反馈，了解自己哪里需要改进。

接下来，你可以考虑任务的密度。比如，帮助孩子复习功课可能需要较长的时间，但它对孩子的学业发展非常重要，是高价值的任务。相比之下，整理家里的杂物虽然也是需要完成的事情，但它对孩子的教育和成长的直接影响较小。因此，在有限的时间内，你应该优先帮助孩子复习功课，这样可以确保孩子在学习上得到足够的关注和支持。

通过这种方法，你不仅能有效管理时间，还能确保你在教育孩子这件事上投入了最有意义的精力。这种策略能帮助你在繁忙的生活中厘清优先级，从而更好地兼顾孩子的教育和其他生活事务。看，计算机思考的逻辑和人像吗？

4. 抓住重点，放弃对细节的执念

过度关注细节往往会让我们忽视全局观念，导致决策偏差。计算机中的"过度拟合"现象为我们提供了启示：学会简化问题，抓住核心，而不过分纠结细节，才能提高工作和生活的效率。

这个启示来自计算机的学习方式。这对于我们日常生活中处理事情的方式也有很大的启示。当你面对许多任务时，不妨尝试集中精力做一件大事。人类有一种情感，叫作妄念，这种妄念表现为总想做很多超出自己能力范围的事情，常常伴随着强烈的冲动。这种妄念有时被称为野心，有时被称为完美主义，但实际上，它更多地源于一种高自尊的人格。这种人格往往让人感到痛苦，因为你对自己有很高的期望，能力却暂时达不到。

计算机给我们的启示是：不要在细节上纠缠，而是要抓住重点。现在，计算机通过科学运算告诉我们一个道理：你输入的细节越多，计算的结果偏差越大。在数学上，这种现象被称为过度拟合。那么，什么是过度拟合呢？过度拟合是指当你对问题的要求过多时，为了满足这些要求，计算机可能会给出偏差更大的结果。比如，你可以试试在 ChatGPT 中给出非常详细的指令，往往会发现它给出的答案变得离谱。

为了让读者更好地理解拟合这个概念，下面可以用一个简单的例子来说明。假设你正在调查婚姻的幸福指数，你采访了 10 万个家庭，发现其中大多数家庭很和睦，只有两家存在家暴或财产分配不均匀导致的争吵等问题。在这种情况下，你可以排除这两个极端的特例，然后分析剩下的 9 万多个家庭，得出的结论可能是人类的婚姻幸福度还是很高的。

但这时，妄念可能会让你觉得，既然花费了这么多精力搜集了这 10 万份数据，应该将所有数据纳入分析。于是，你将这两个存在家暴问题的家庭也放进了计算模型，并试图绘制一条涵盖 10 万家庭的幸福波动曲线。结果，你会发现计算机的计算结果完全不准确。原因就在于，那两个被排除的特例被重新加入后，整个曲线出现了剧烈的波动，曲线越长，波动也越大。这种对细节的过分考量会导致整体趋势的严重偏差，这就是所谓的过度拟合。

在生活中，我们也经常会陷入这种过度拟合的陷阱。比如，你可能在做一项重要决定时，考虑所有可能的细节，试图做出一个"完美"的决定。但现实是，当你过分关注细节时，反而可能失去对整体趋势的把握，导致决策出现偏差。因此，学习如何适度简化问题、抓住关键，而不是过度纠结细节，是非常重要的。就像计算机提醒我们的那样，有时候"少即多"。与其你什么都想做，都愿意做，不如只做那些重要的事情，不要在乎那些细节。

假设你正在筹备一场家庭聚会。这次聚会对你来说非常重要，你希望一切都完美无缺。于是，你开始纠结于各种小细节，比如餐桌上的摆盘颜色是否和谐，蛋糕上的装饰是否精致，甚至对餐巾的折叠方式你都要反复调整。你把大量的时间和精力投入在这些细枝末节上，以至于忽略了真正重要的事情——比如确保食物足够美味、安排好大家的座位、确保每个来宾都能享受到这次聚会的乐趣。

结果，聚会当天，虽然餐桌上的每一个小细节都达到了你的预期，但由于你在这些细节上花费了太多时间和精力，导致整个聚会的核心部分出了问题：食物准备不够充分，有的热菜肴可能因为你过度专注于摆盘而冷掉；座位安排不够合理，导致一些客人感到不太自在；甚至由于你过度劳累，自己也无法全身心地享受这次聚会。

这个例子展示了一个过度拟合的生活场景。你过分关注那些不太重要的小细节，反而让整体效果大打折扣。如果你能放下对这些细节的执念，把更多的注意力放在对聚会的整体氛围和体验上，那么即使餐巾折叠得不够完美，蛋糕上的装饰少了几分精致，客人们也会因为获得整体的愉悦感受而记住这场成功的聚会。

所以，这个过度拟合的概念与我们的人生有很多相似之处。如果你特别在乎那些不重要的小细节，你的人生就会像那条波动剧烈的曲线一样，上上下下，充满波折和起伏。自从我学习了计算机中的这个概念后，我就开始不再过度关注细节了。你看，我并不太在意理发师把我的头发剃成什么样，也不怎么洗头，因为我知道，当我过度在意这些细节时，人生波动就会变得非常大。你更该关注的是你的思考、你的表达，还有文本的质量，否则你的生活容易陷入不必要的纠结和困扰之中。

计算机的这个原理给我带来了很大的启发：有时候，学会放下对细节的执念，专注于更重要的整体目标，才能让人生更加平稳和顺畅。这种思维方式不仅能帮助我们减少不必要的烦恼，也能让我们在面对复杂的生活时，更加从容和自信。

更何况，正是那些犯过的错，才让我们成为今天的自己。大家不妨想一想，青霉素的发现，不也是一次无意中的错误所造就的伟大发明吗？因此，我们需要接受这样一个事实：生活中的某些细节是不可控的。自从学习了计算机，了解了算法，我才意识到算法的美，它已经成为我生活的一部分。我们必须学会放下那些无谓的执念。过度拟合，实际上就是人类对细节的过分执着，这种执着往往会影响全局，所以，我们应该主动放弃它。

　　算法的美不仅在于它对数据的精准处理，更在于它对生活的深刻启示。正是因为那些不完美、不确定，才使我们的生活充满了无限可能。每一次失误，每一个不小心，都可能为你的人生带来意想不到的收获。要敢于放下那些无谓的细节，勇于接纳生活中的不可控因素，才能在复杂的现实中抓住真正重要的东西。记住，真正的大智慧在于舍弃，舍弃那些不必要的执念，才能让你的人生更加从容、自信、铿锵有力。

◉ 本章推荐书单

【1】书名：《深度学习：智能时代的核心驱动力量》

作者：［美］特伦斯·谢诺夫斯基

出版社：中信出版社

出版时间：2019 年 2 月

【2】书名：《情感机器》

作者：［美］马文·明斯基

出版社：浙江人民出版社

出版时间：2016 年 1 月

【3】书名：《人工智能：一种现代的方法》（第 3 版）

作者：［美］斯图尔特·罗素，彼得·诺维格

出版社：清华大学出版社

出版时间：2013 年 11 月

【4】书名：《人工智能简史》（第 2 版）

作者：尼克

出版社：人民邮电出版社

出版时间：2021 年 1 月

【5】书名：《算力时代：一场新的产业革命》

作者：王晓云，段晓东，张昊

出版社：中信出版社

出版时间：2022 年 1 月

【6】书名：《算法之美》

作者：［美］布莱恩·克里斯汀，［美］汤姆·格里菲思

出版社：中信出版社

出版时间：2018 年 9 月

第 章

AI，社会变革的引领者

本章深入探讨了 AI 技术如何影响和改变我们生活的方方面面，从自动驾驶汽车的发展，到 AI 对普通人日常生活的深远影响，再到个人隐私的保护。还通过讲述李飞飞和马斯克两位科技领袖的生动故事，揭示了 AI 技术背后的坚持和创新精神。这些故事和实例不仅展示了 AI 的强大功能，还告诉我们如何应对这一技术浪潮。

2.1　无人驾驶汽车：驶向智能出行新时代

关于无人驾驶汽车，很多人一直有些疑问：无人驾驶汽车出了事故怎么办？像武汉这样的城市，有那么多无人驾驶汽车，是否会导致人们失业？相信大家读完这一节后，再聊到无人驾驶汽车时，就不会觉得那么俗套了。我会用最简单的语言讲述无人驾驶汽车的发展历程、技术进展、实际应用、未来的发展趋势和面临的挑战。

1. 无人驾驶汽车的定义与发展历程

无人驾驶是通过计算机和传感器控制和驾驶车辆，不需要人工干预。这项技术现在看起来很先进，其实它的发展时间并不长。无人驾驶技术最早可以追溯到 20 世纪 80 年代，当时一些实验项目和初步尝试已经开始，虽然不够成熟，但技术进展非常迅速。最早的无人驾驶项目是由美国国防高级研究计划局（DARPA）主导的，后续的 DARPA 挑战赛成为推动无人驾驶技术进步的重要契机。

2017 年，我第一次去洛杉矶。一个深夜，我一个人开着车，听着音乐，音乐是随机播放的。突然，车里响起了一首稍微恐怖一点的歌曲，我的心情有点儿紧张，一脚油门踩过去，超过了一辆车。我们开车时有个习惯，总喜欢看一下旁边司机的样子。那天晚上比较黑，我听着有点儿恐怖的歌，下意识地看了一眼旁边的车，结果我发现，那辆车里根本就没有司机！大家能想象我当时的表情吗？我一开始以为是一个小个子在开车，看不到脑袋，结果仔细一看，车里真的一个人都没有。这是我第一次亲眼见到无人驾驶汽车在洛杉矶的街上行驶，而且离我这么近，当时真的吓了一跳。

但现在，大家看到越来越多的无人驾驶车辆，技术的进步让无人驾驶汽车从实验室走向了现实世界。未来当人工智能全面进入自动驾驶领域时，它必然会彻底改变这个行业。

老规矩，我给大家推荐一本书——《自动驾驶之争》，作者是亚历克斯·戴维斯。这本书写得非常生动，像小说一样引人入胜。所以，我也想通过讲一个故事，让大家更容易理解无人驾驶技术。故事要从美国国防高级研究计划局组织的一系列比赛开始说起。

2. DARPA 挑战赛的影响与无人驾驶技术的发展

DARPA 挑战赛吸引了众多人才参与，通过高额奖金和激烈竞争，迅速推动了无人驾驶技术的发展。斯坦福、卡内基梅隆等大学团队的成功成为无人驾驶技术产业化的关键转折点。这些竞赛不仅推动了技术的进步，还搭建了人才与企业的合作桥梁。

美国国防部高级研究计划局成立于 1958 年，其最初的目的是保护美国免受核攻击。出于军事需求，它开始致力于前沿科技的开发。这个部门有一个非常突出的特点，就是极其灵活、不拘一格地吸纳人才。在其团队里，既有物理学家、生物学家，也有企业家和军人，可谓各类人才云集。而且该计划局招揽人才不注重经验，只看重是否有新想法。如果你有创新的想法，且被采纳了，那么这些技术就可能会交给军方使用，或者交给私营部门进行商业化开发。

故事要从 2001 年说起。那一年，美国总统克林顿签署了一项国防法案，特别提到武装部队的伤亡中有很大一部分是由车祸造成的，因此法案强调了无人驾驶车辆和远程控制技术的重要性。当时，军事委员会的幕僚长提出，必须在 15 年内完成这个目标，让无人驾驶车辆成为武装部队的重要力量。这项任务被下达给了 DARPA 的局长托尼·特瑟。

托尼·特瑟是个科幻迷，原本打算自己组建团队去发明无人驾驶车辆，但他很快意识到，这样进展太慢了。于是，他想到了一个更快的办法——举办一场竞赛。他发起了 DARPA 挑战赛。

首先，他选定了一条位于洛杉矶东北方的公路作为比赛场地。这条公路直线距离达 160 千米，沿途有山丘、狭窄的小路和沙漠地带，非常适合测试无人驾驶车辆的性能。如果一辆无人驾驶车能够安全穿越这些道路，那么它就有能力在阿富汗和伊拉克执行任务。

比赛规则定好了，接下来就是如何吸引参赛者。托尼·特瑟拿出了 100 万美元，宣布谁能第一个完成这条赛道，这 100 万美元就归谁。重赏之下，必有勇夫。

2003 年 2 月，DARPA 举行了第一次新闻发布会，邀请对无人驾驶感兴趣的人参加，不管来自哪个领域、背景是什么。这一做法与他们创立该部门的初衷完全一致。托尼·特瑟原本以为可能只有十几个人感兴趣，结果发布会刚开半个小时，就已经有 500 多人排起了长队，每个人在了解完比赛的内容后都回家开始自行开发项目了。可见，只要有足够的资金支持，就会有人愿意贡献他们的想法和才智。

很快，各行各业的人都来了：机器人专家、人工智能开发者、科幻作家，还有许多刚毕业的大学生，他们对这个领域充满了热情。在所有参赛者中，最引人注目的是威廉·惠特克，他是卡内基梅隆大学的教授，被誉为场地机器人的先驱。惠特克早在 20 世纪 80 年代就开始研究无人驾驶技术。他迅速组建了一支团队，其中包括美国国家航空航天局

（NASA）的退役人员和他在卡内基梅隆大学的学生。因为惠特克经常被称作"Red"，所以其团队被称为"红队"（Red Team）。

除了惠特克，还有一个人被广泛关注，他就是 23 岁的研究生——安东尼·莱万多夫斯基。莱万多夫斯基当时还没毕业，后来他成了谷歌无人驾驶项目的重要人物。这个年轻人非常了不起，他所有的机器人知识都是自学的。尽管他年纪轻、资历浅，但他一提出自己的计划——研发一辆无人驾驶摩托车，立即引起了轰动。当时别人都在研发四轮车，而他决定挑战两轮车，这让所有人都对他刮目相看。

莱万多夫斯基组建了自己的团队，自称"蓝队"（Blue Team）。为了筹集资金，他打了 100 多个电话，最终筹到了 3 万美元。这些钱大部分来自他父母的朋友。尽管如此，他仍不得不从自己的积蓄中拿出一大笔钱作为团队开支，还曾一度睡在自己的客厅里，因为他把主卧租出去换取了额外的资金支持。

接下来，各个队伍都开始紧锣密鼓地筹备起来，但由于 2003 年的技术还不够成熟，参与者们不断遇到挫折。到了 2004 年 3 月 13 日，首届 DARPA 无人驾驶挑战赛正式开始，吸引了众多关注者的目光。然而，比赛刚一开始，莱万多夫斯基的无人驾驶摩托车就倒下了，因为他忘记打开稳定系统的开关了。一年的努力瞬间付诸东流，比赛的规则非常严格：车辆一旦倒下就被淘汰，而且任何人工干预都是不允许的。

比赛的场面非常壮观，状况百出：有的车飞了起来，有的车抛锚停在路上，还有的车卡在岩石中，甚至有的车发生了爆炸。美国有线电视新闻网（CNN）直率地报道说："没有人获胜，因为没有一辆车接近终点。"然而，比赛的组织者托尼·特瑟面对外界质疑时，平静地表示："我们将继续举办下一次比赛，并将奖金提升到 200 万美元。"这个决定引发了更大的关注，越来越多的人和媒体加入了这个竞赛。

第一届比赛中的热门选手几乎都参加了第二届比赛，同时还有许多新团队加入。尽管莱万多夫斯基在首届比赛中失败了，但他的故事引起了广泛关注，这使他在第二轮比赛中成功融到了更多的资金和技术支持。由威廉·惠特克领导的红队也获得了 300 万美元的资金，用于研发并升级一辆新车。

2005 年 10 月，第二届 DARPA 挑战赛如期举办。参赛队伍中，有一半是首次参赛的队伍，还有 100 多支新队伍加入。比赛吸引了许多科技界的名人，包括谷歌创始人拉里·佩奇。随着比赛的推进，经过多轮筛选，最终 24 支队伍脱颖而出，再从这 24 支队伍中筛选出 22 支，最终决出胜者。谁拿了第一名呢？是斯坦福大学的教授塞巴斯蒂安·特龙和他的团队。而威廉·惠特克的红队获得了第二名。

虽然在第二届比赛中惠特克没能拿到第一名，但他并不气馁。比赛决定每年举办一次，第三届 DARPA 挑战赛也随之到来，这一届比赛被称为"DARPA 城市挑战赛"。举办方将比赛场地搬到了城市，要求无人驾驶车辆能够适应城市环境，包括在十字路口变道、避让行人、自动寻找停车位并停靠，且不能违反交通规则。在这一届比赛中，惠特克的红队终于夺得了冠军。站在讲台上，惠特克激动得流下了眼泪。无人驾驶技术领域吸引了越来越多的参与者和关注者。

任何时代，只要有足够多的人关注，就有足够的金钱和人才的流入。因此，一届又一届的 DARPA 比赛其难度逐年提升，竞争也越来越激烈。这种一年又一年的比赛，以及每次激烈的竞争，体现了人们在从无到有的过程中，不断寻求突破，从 0 到 1，再从 1 到无穷大。这不正是我们创业精神的精髓吗？然而，如果你以为这些比赛只是为了争个输赢，那就错了。比赛的关键在于两件事：第一，把拥有共同兴趣的人聚集在一起；第二，大家通过比赛相互认识，可以一起做一些更重要的事情。

比如，第一届比赛的冠军塞巴斯蒂安·特龙拿到冠军后，立即召集学生回来写程序，把一些影像数据整合起来，生成了一幅极为清晰和细致的沙漠地图。正因为这样，特龙成立了一家公司，他认为未来可以将大量的街景数据整合在一起，生成一个街景地图。

谷歌的创始人拉里·佩奇找到特龙，提出了合作的建议，他们一起研发了一套传感器设备，用来收集周围的地图数据，以使地图变得更加真实。拉里·佩奇请特龙帮助谷歌在 2007 年前绘制出 160 万平方千米的地图，这个任务非常艰巨。特龙找到了莱万多夫斯基帮忙。

莱万多夫斯基虽然在比赛中失败了多次，但在每次失败后依然坚持参与，从不放弃，特龙很欣赏他这种精神，便邀请他来帮忙。莱万多夫斯基加入后立刻想到了一个办法：他找到了当地的丰田经销商，借来了 100 辆混合动力汽车，并在每辆车上配备了传感设备，然后雇用了一批司机在街上边开车边收集数据。仅用六个月，他们就完成了 160 万平方千米的测量任务。你看，这种人才一旦用对地方，效率是惊人的。因为，一份好的地图对于所有无人驾驶汽车的创造者来说，都是最宝贵的资源。

拉里·佩奇如约得到了这份地图后，对特龙说："我们现在开始搞无人驾驶汽车吧，这辆车必须既安全，又能跑得足够长。"他从谷歌地图选了 10 条路段，每条路大约 1600 米长，要求无人驾驶汽车必须稳定、安全地通过这些路段。特龙马上召集团队，而这些团队的成员几乎都是在 DARPA 比赛中认识的。

DARPA 这个比赛太重要了。它不仅推动了技术的进步，还搭建了一个让志同道合的人聚在一起、共同创造未来的平台。

在特龙的带领下，在谷歌资金的注入下，这群人正式进入了无人驾驶汽车领域。整个开发过程相当顺利，到了 2010 年，他们的团队已经让无人驾驶汽车顺利完成了指定的 10 条线路测试。为了展示这项技术的成熟度，特龙甚至邀请了《纽约时报》的一位记者亲身体验无人驾驶汽车。记者当时被震撼了，并发表了多篇文章，大力赞扬这项技术。

尽管产品取得了成功，但要推向市场还面临很大的挑战。首先，它无法达到更精细的操作需求。例如，有些无人驾驶汽车需要依赖精确到厘米级的高清地图，且这些地图还需要不断更新，而当时的谷歌并未具备这种能力。其次，还有一个更大的问题：责任归属。比如，即使无人驾驶汽车在一万次操作中只出了一次事故，那么这次事故的责任该由谁来承担？这是个难题，当时在法律界和道德层面尚无明确的答案。

团队一筹莫展，但他们并没有灰心，而是继续寻找解决方案。此时，一项新技术——深度学习技术——成为他们的救命稻草。这项技术帮助他们在无人驾驶领域取得了进一步的突破。

2012 年，多伦多大学的研究人员创造了一种功能极其强大的新型神经网络，这项技术极大地提升了机器的学习能力。计算机科学家利用这项技术在围棋比赛中击败了人类冠军，正是这项深度学习技术让 AlphaGo 在与世界围棋冠军李世石的对决中大放异彩。深度学习的应用同样推动了无人驾驶汽车的发展。无人驾驶汽车采用深度学习技术，能够更精准地识别行人，并在短短几个月内，将忽略行人的概率降低 99%，这种性能还会随着时间的推移不断提升。这样一来，无人驾驶汽车将变得越来越安全。

3. 谷歌与优步：无人驾驶市场的争夺

谷歌通过其无人驾驶技术取得了显著的技术突破，然而优步等公司的加入加剧了无人驾驶汽车市场的竞争。两家公司之间的激烈竞争促使技术不断优化，并推动了自动驾驶商业模式的形成。

在这里不得不提到两个人——卡尔加里和加勒特·坎普。他俩在卖掉自己的网站后，本打算去旧金山好好享受生活，结果却发现总是打不到车。于是，他们决定创建一家公司，这家公司后来变得非常有名，就是优步（Uber）。然而，优步面临许多麻烦。首先，优步面临各种争议，例如：道路上的汽车越来越多了，而优步还鼓励大家开网约车；优步招募的司机不是正式员工，不给他们提供相关福利；等等。当优步的首席执行官意识到公司面临的麻烦越来越多时，非常清醒地认识到，解决这些问题的唯一办法就是拥有自动驾驶汽车。如果实现了自动驾驶，就不需要再雇用司机了，也就减少了很多麻烦。

于是，优步找到了谷歌，决定与其合作。2014年，谷歌与优步联合发布了一款名为"萤火虫"的自动驾驶电动汽车。这辆车没有方向盘，也没有脚踏板，是专门为优步的运营模式设计的。然而，这辆车的核心技术主要还是谷歌的，这让优步感到了一丝危机。优步意识到，如果谷歌掌握了如此强大的数据，而自己没有掌控权，未来将会非常被动。因此，优步开始开发自己的无人驾驶汽车。两家巨头同时进入这一领域，对这个市场的未来来说，无疑充满了巨大的潜力和挑战。

优步对谷歌的重击是一拳接一拳的，例如，优步成功将莱万多夫斯基挖到自己的公司。而莱万多夫斯基在离职前还带走了一万多份商业机密信息，其中包括整个团队花费数年时间开发的激光雷达系统。

谷歌在2017年起诉莱万多夫斯基窃取了商业机密，经过一场激烈的官司，最终的结果是优步和谷歌达成和解，谷歌获得了优步的股权。当然，这场官司吵来吵去的细节与我们普通人无关，总之，越多的人进入这个赛道，竞争越充分，这个行业才会越繁荣。因此，这场看似激烈的诉讼，其实推动了自动驾驶技术的普及，并将它融入了我们的日常生活。

说到这里，不知道大家有没有感受到一个关键点：充分竞争才是商业的本质。无人驾驶汽车从最初的比赛，发展到后来各大公司角逐，正是这种竞争让这个行业得到了充分的发展。此外，无人驾驶汽车技术的发展其实还得感谢那些开放源代码的人，如果没有他们的开源精神，相关人员可能还在摸着石头过河。

在法庭上，莱万多夫斯基面对律师的质询，始终保持沉默。当被问到为什么参加 DARPA 挑战赛时，他回答："我妈妈知道我很喜欢机器人，也知道我爱造东西。她给我打了个电话，说：'有一个比赛，你想参加吗？'我看到这个比赛，我说我想参加。"你看，他之所以参加这个比赛，是因为他妈妈看到了比赛的消息。

我相信，很多年轻人开始了解人工智能，也是因为妈妈先关注到相关信息，然后推荐给了身边的人。就像莱万多夫斯基的妈妈一样，她知道儿子喜欢什么，并不强求他做自己不喜欢的事，而是尊重并支持他的兴趣。她可能并不完全明白儿子在做什么，但她将能接触到的信息发给了他。就是这么一个小小的举动，帮助她的儿子实现了梦想，也让这个行业多了一位杰出的天才。

4. 中国无人驾驶技术的现状与面临的挑战

1）现状

硅谷人工智能在自动驾驶技术领域的应用如火如荼。在中国，人工智能与自动驾驶技术的发展同样迅猛，并且展现出其独特的路径和潜力。中国作为全球最大的汽车市场之一，凭借其庞大的用户基础和政府的强力支持，正在成为全球自动驾驶技术的重要创新中心。

首先，中国的科技巨头和初创企业在自动驾驶领域积极布局。像百度、阿里巴巴、腾讯这样的大型科技公司早已涉足这一领域，百度 Apollo 项目更是率先推出了全球最大的自动驾驶开放平台，为众多企业和开发者提供技术支持和数据资源。蔚来、小鹏、理想等新兴电动车企业也在自动驾驶技术上取得了显著进展，不断推出具备高级辅助驾驶功能的量产车型。

其次，中国政府在推动自动驾驶技术发展方面发挥了至关重要的作用。政府通过政策引导和资金支持，积极促进自动驾驶技术的研发和应用。近年来，国家和地方政府出台了一系列政策法规，鼓励自动驾驶技术的测试和商业化运营。例如，北京、上海、广州等城市纷纷设立了自动驾驶测试区，允许企业在实际道路环境中进行测试，积累数据和经验。这些措施不仅加速了技术的成熟，也为自动驾驶技术的普及提供了制度保障。

在基础设施建设方面，中国也走在了世界前列。自动驾驶技术的实现离不开高精度地图、5G 网络和智能交通系统的支持。中国在这些领域进行了大规模的投资和建设。以高精度地图为例，中国企业如高德地图、百度地图等，已经能够提供覆盖全国的高精度地图服务。5G 网络的快速普及则为自动驾驶汽车提供了超低延迟的通信保障，使得车辆能够实时获取交通信息并做出反应。

此外，中国还在探索自动驾驶的商业化应用。近年来，无人驾驶出租车（Robotaxi）在中国多个城市开始试运营。像百度的 Apollo Go、小马智行、滴滴等公司都在进行无人驾驶出租车的试点运营，用户可以通过手机应用预约乘车，体验无人驾驶的便利。与此同时，无人配送车、无人公交车等自动驾驶应用场景也在逐步推广，特别是在物流、公共交通领域展现出了广阔的应用前景。

中国的自动驾驶技术还与其他领域紧密结合，形成了独特的生态系统。例如，在智慧城市建设中，自动驾驶与智能交通、智能停车等技术相结合，为城市管理和居民生活带来了新的可能性。在新能源领域，自动驾驶与电动车的结合也为中国实现"碳达峰、碳中和"的目标提供了重要的技术支持。

2）挑战

尽管中国在自动驾驶技术发展方面取得了巨大进展，但挑战依然存在。首先，自动驾驶技术的安全性和可靠性仍需进一步得到验证和提升，特别是在复杂的城市道路环境中。其次，自动驾驶技术的商业化仍面临高成本和法律法规的不确定性，如何降低技术成本、优化商业模式、完善法律法规，是实现其大规模普及的关键。此外，数据隐私和网络安全问题也随着技术的发展而更加凸显，需要引起高度重视。

人工智能与自动驾驶汽车的结合无疑将彻底改变我们的世界。这不仅是科技进步带来的便利，更是一场深刻的社会变革，将对我们生活的方方面面产生深远影响。

首先，交通方式将发生根本性的转变。随着自动驾驶技术的成熟，我们将进入一个"人车分离"的时代。道路上不再需要人类驾驶员，无论是私家车、出租车，还是货运车辆，所有的交通工具都将由智能系统操控。这意味着交通事故将大幅减少，因为人工智能可以比人类更快、更准确地做出决策，避免碰撞。疲劳驾驶、酒后驾驶等现象将成为历史，出行将变得更加安全和高效。

其次，城市的面貌也将随之改变。随着自动驾驶技术的普及，停车场和车库的需求将大大减少，因为无人驾驶汽车可以自行驶回停车场，或在不使用时自动共享给其他乘客。城市空间将被重新规划，更多的土地可以用于绿化、公共设施或住宅建设。拥堵也将得到缓解，因为人工智能可以通过优化路径和协调交通流量，最大限度地利用道路资源。

在社会层面，自动驾驶将对劳动力市场产生重大影响。许多依赖驾驶技能的职业可能会逐渐消失，例如出租车司机、卡车司机、送货员等。然而，新的工作机会也会随之出现，特别是在科技、数据分析、车辆维护等领域。我们需要通过教育和培训帮助劳动力顺利过渡到这些新兴行业。

环境保护也是一个不可忽视的领域。自动驾驶汽车可以通过更精确的行驶控制和路径优化，减少油耗和碳排放。如果未来大部分自动驾驶汽车都采用电动或氢能驱动，那么交通对环境的负面影响将进一步降低。城市空气质量将得到改善，噪声污染也会随之减少。

另外，自动驾驶与人工智能的结合还将带来新的商业模式。共享出行服务将成为主流，人们不再需要购买私家车，而是根据需要按次付费使用车辆。这种模式将减少闲置资源，提高车辆利用率，节省能源和成本。同时，车内的时间也将被重新利用，乘客可以在车上工作、娱乐或休息，车厢将成为一个移动的私人空间或工作场所。

然而，这一切的实现，也伴随着挑战和问题。隐私保护、数据安全、伦理道德等问题将更加复杂。自动驾驶系统收集的大量数据应如何存储、处理和使用？一旦发生事故，责任该如何界定？如何确保人工智能在做出决策时遵循人类的价值观和法律规范？这些问题都需要在技术发展过程中得到解决。

总的来说，人工智能与自动驾驶的结合正引领我们进入一个全新的时代。这个时代将更加智能、高效和环保，但也将充满新的挑战和机遇。未来的世界会是什么样子？它将由我们今天的选择和行动所决定。

2.2 AI 改变普通人的生活

一个男生想追求一个女孩子，这个男生找到了我，他说："龙哥，你的文字功力强，我想给她写一封情书，但怕写得不好，你能帮帮我吗？"我的第一反应是："我没时间啊。"但是我转念一想，帮助一个男生追上一个女孩子，这种幸福感也很重要。然而，我确实没时间一字一句地帮他写。这时，我想到了 AI。

我让这个男生提供了一些他和女孩的基本信息，然后把这些数据输入到 AI 工具，生成了一封情书。这封情书里不仅有女孩的名字，还包括了他们为什么匹配，他们的性格如何契合等细节。AI 确实已经能够在我们的生活中提供实际的帮助，这就是为什么我在讨论未来时总会提到生活，因为能够拥抱 AI 的人，其生活质量将远远高于其他人。

接下来，我将讲几个用 AI 改变生活的故事。

1. AI 在生活中的实际应用：从盲人到普通人

AI 正在为不同群体提供实际帮助，尤其是残疾人。通过 AI 技术，如虚拟导盲犬、手语翻译和智能义肢等应用，残障人士的生活得到了极大的改善。AI 不仅是科技的进步，更是为生活带来便捷的一种工具。

第一个故事来自我观看 ChatGPT 4.0 发布会时的一个案例。在发布会上，一个名叫詹姆斯的盲人用户讲述了他如何使用 ChatGPT 4.0。通过语音指令，GPT 帮助他导航、阅读邮件、获取实时信息，甚至打车。这一切让人们看到了 AI 在提升人们生活质量方面的巨大潜力。

这种创新的应用不仅为盲人提供了极大的便利，也展示了 AI 在辅助设备中的巨大潜力。看完这个故事后，我非常感动，于是特意上网搜索了詹姆斯的相关经历。令我惊讶的是，他不仅是一个 AI 的受益者，还是一位活跃在推特上的科技爱好者。我意识到，盲人群体因为科技的进步，其生活已经发生了巨大的改变。

过去，盲人依赖导盲犬或其他传统的辅助设备生活，生活中充满了不便和各种限制。然而，现在通过 AI 技术的应用，他们可以获得前所未有的自由和独立。更令人惊叹的是，苹果公司的 Siri 如今也与 ChatGPT 结合，用户购买苹果手机就拥有了一个无所不知的大管家，从而获得实时的帮助和指引。

这个故事让我深感触动，因为它不仅展示了科技的力量，也让我看到了 AI 如何实实在在地改善人们的生活质量。对于这些热爱科技的盲人而言，AI 不仅是一个工具，更是他们生活中不可或缺的伙伴。这种技术的普及，让我们真正看到了一个更加包容和智慧的未来。

第二个故事，我想分享萨拉的故事。萨拉是一位来自美国得克萨斯州的普通家庭主妇，患有心脏病。在没有 AI 技术的时代，萨拉常因心脏问题在家中突然发病，唯一能做的就是大声呼喊，希望邻居能及时听到并前来救助。她多次发病，均被邻居发现后紧急送往医院，而每一次医生都会说出那句让人揪心的台词："再晚一步，她的生命就可能终结了。"

然而，事情在 2023 年年底发生了转变。萨拉的丈夫给她购买了一个 Apple Watch（苹果手表），这款智能手表利用 AI 技术实时监测她的心率。Apple Watch 可以在心率异常时立即记录数据，并具备一键报警功能。这项功能在关键时刻派上了用场。一天，萨拉的心脏再次出现问题，Apple Watch 迅速检测到异常并自动发出报警信号，救护车及时赶到，萨拉获救了。

虽然我无法得知萨拉故事的更多细节，但这个案例让我深刻感受到了科技的力量。它不仅改变了萨拉的命运，也让我认识到 AI 技术对于日常生活的重要性。所以，我为什么会成为一个科技爱好者。除了苹果的一些限量版产品，我几乎尝试过所有新的科技产品，包括华为、小米的新产品。每当有新技术出现，我都会第一时间去了解和体验，因为只有拥抱新科技，才能更好地理解未来的方向。

在中国也有很多这样的案例，我查阅了资料得知，一些创新应用正在为残疾人群体带来前所未有的便利，以下是几个典型的例子。

（1）百度 AI 助盲项目。百度推出了一款名为"AI 助盲"的应用程序，可利用图像识别和语音技术，帮助视障人士识别周围的环境、读取文本信息。用户只需通过手机拍照，AI 助盲应用就能实时识别图片内容，并通过语音播报的方式告知用户。这个项目上线后受到了广泛好评，为视障人士提供了极大的帮助，尤其是在日常购物、出行等场景中。

（2）AI 手语翻译系统。腾讯公司开发了一款 AI 手语翻译系统，可利用计算机视觉和自然语言处理技术将手语转化为文字和语音，帮助听障人士更好地与健听人士沟通。这项技术在多个公共服务场所得到了试点应用，比如医院、银行等，为听障人士提供了更为便捷的服务体验。

（3）人工智能义肢。中国的初创公司也在开发智能义肢，通过 AI 技术使义肢具备感知能力，能够根据用户的意图和环境变化进行自主调整。例如，某些高端的智能义肢可以通过传感器感知用户的肌肉信号，AI 算法会实时分析这些信号，并控制义肢进行相应的动作。这项技术的应用极大地提升了肢体残疾人士的生活质量，使他们能够更自然地进行日常活动。

（4）AI 助听器。中国科学院开发了一款基于 AI 的智能助听器，它能够通过人工智能技术对周围环境里的声音进行实时分析，自动过滤背景噪声，增强语音信号的清晰度。这款助听器在噪声复杂的环境中表现尤其出色，可帮助听力障碍人士更好地参与社交活动。

2. AI 在职业发展中的应用：从时装设计师到辅助职业规划

AI 不仅帮助普通人解决日常问题，也为职业发展带来了新的可能性。通过 AI 辅助，许多人能更高效地工作，AI 甚至可以创造新的职业机会，如 AI 顾问等，帮助企业利用 AI 优化数据分析和决策。

第三个故事要讲给很多宝妈听。马琳达是一位自雇的时装设计师，由于没有实体店，她的收入一直非常不稳定。她与未婚夫一直在思考如何改善这种情况，直到 2022 年，他们偶然接触到 ChatGPT，这款 AI 工具让他们看到了一个全新的世界。

在深入研究 ChatGPT 的过程中，马琳达和她的未婚夫意识到，许多公司拥有大量的数据，但这些数据往往未被充分利用或整理。而马琳达正好具备很强的数据整理能力，她想到了一个绝妙的商业点子：通过远程服务为这些公司整理数据，并分析其中的细节，向他们提供改进建议。她通过未婚夫的介绍，认识了一些公司的老板，并开始提供这种远程服务。

不久之后，马琳达结婚并怀孕了。由于妊娠反应，她每天的工作时间大大缩短，有时甚至只能工作半个小时到一个小时。然而，有了 ChatGPT 的帮助，她不仅能高效地完成工作，还能保持生活与工作的平衡。这份工作不仅为她提供了稳定的收入，还让她积累了足够的资金，最终开设了自己的第一家实体店。

无论你身处何地，未来只要能够善用手机，充分利用你的数字资产，并紧跟科技的步伐，你就有可能改变自己的生活和命运。

第四个故事的主人公是达娜，她是一位作家、播客主持人兼教练，住在硅谷。在硅谷长达 20 年的职业生涯让她感到疲惫不堪，因为她找不到职业发展的方向。值得注意的是，尽管"35 岁效应"常被认为是中国职场的特有现象，但在西方国家，这种年龄带来的职业压力甚至更为严峻。

达娜一直感觉自己在职业上遇到了"瓶颈"，她和很多人聊过，也找不到解决方法，最终她决定向 AI 寻求帮助。她开始使用 AI 梳理自己的职业技能、个人资源，并结合自己的未来愿景进行规划。结果，在 38 岁的时候，达娜创建了一家名为 Phoenix Five（凤凰五）的公司，专门为硅谷的高管提供领导力培训。这个决定让她找到了全新的职业方向。

辞职后，达娜在写作方面多年都未曾找到自己的核心竞争力。后来，在 AI 工具的帮助下，她重新发现了自己的职业定位。她在书中详细讲述了 AI 如何帮助自己实现职业重生，并深入探讨了职业倦怠问题。

这个故事非常具有启发性。今天的你也可以尝试使用 AI 工具，看看它能否帮助你找到未来 5 ～ 10 年的职业发展方向。达娜的经历证明：面对职业迷茫，AI 或许可以成为一个强有力的工具，帮助你重燃职业激情，找到属于自己的新方向。

3. AI 在金融投资领域的应用

AI 技术在金融行业的应用日渐成熟，通过 AI 分析和算法，许多用户能够实现精准的投资理财。国内外的许多平台都已经开始使用 AI 提供个性化投资建议，帮助投资者优化资产配置。

在北美，目前有一种新兴职业——AI 顾问。只要你会使用 ChatGPT，你就可以胜任这个职位。这份工作看似"高大上"，实际上却非常简单。基本的工作流程就是将公司提供的数据输入 AI 系统，当老板有问题时，你只需要利用 ChatGPT 帮忙获取答案即可。虽然"AI 顾问"这个头衔听起来很高级，薪水也颇为可观，实际操作却并不复杂。关键在于，谁掌握了这个信息，谁就能轻松上手这份工作。

最后一个故事发生在北美的一家公司——Wealth Front。Wealth Front 是一家理财公司，后来它与一家名为 BetterMen 的 AI 公司产生了交集。这两家公司一个专注于理财，一个专注于 AI 技术，当它们联手后，产生了巨大的潜力——利用 AI 为每个人提供个性化的投资建议和策略。

Wealth Front 的第一个用户是约翰。他使用 BetterMen 开发了 AI 投资组合管理工具，并很快发现，这个 AI 系统提供的投资组合比那些区域经理推荐的方案更加可靠，且更符合他的财务目标。结果令人惊讶——仅仅一年，约翰的资金翻了一倍。这并不是一个虚构的故事，而是一个真实的案例。后来，约翰在 *Built In* 杂志的采访中谈到，他成功地为孩子的大学教育存下了足够的资金。

类似的事例国内也有，比如蚂蚁金服（现为蚂蚁集团）旗下的"智选服务"就是一个典型案例。它利用 AI 技术，为用户提供个性化的理财产品推荐。通过分析用户的财务状况、风险偏好和投资目标，AI 能够为每个用户量身定制最适合他们的投资组合。很多用户反馈，AI 推荐的理财产品比自己盲目选择的更为精准，收益也更为稳定。招商银行推出的摩羯智投是国内首款智能投顾产品，结合 AI 和大数据技术，为用户提供个性化的投资组合建议。用户只需要输入一些基本的个人财务信息和投资目标，AI 就能根据市场动态和用户的风险承受能力自动生成最优投资组合。很多用户通过摩羯智投实现了稳健增值，甚至超越了传统的理财产品。

我还见过使用 AI 炒股交易。只要有重复的步骤，都可以用 AI 替代了。

2.3　未来的工作和生活是什么样的?

未来的工作和生活在 AI 的赋能下将会发生翻天覆地的变化。

未来的工作将更加灵活，数字游民的兴起与远程办公的普及将改变传统的办公室文化。员工不再需要固定在某一地点工作，全球化的工作模式将通过互联网和 AI 技术实现。

1. 关于未来工作的几部作品

首先，我推荐一本书——《未来的工作：传统雇用时代的终结》，作者是三位美国作家，主要由约翰·布德罗主笔。这本书探讨了传统雇用模式的结束以及未来工作的新形式。其次，我推荐一部引人深思的电视剧——《黑镜》。这部剧描绘了在充满科幻色彩的未来社会，科技如何塑造人类的生活，每一集都如同一面镜子，映射出我们对未来的恐惧与期待。我强烈建议从第二季开始观看，每一集都能让你对未来产生更深刻的思考。

　　说到未来的工作和生活，我们必须提到数字资产的概念。我认为：谁会用技术，谁会用工具，谁就能掌握大量的数字资产。这个理念将成为未来工作的核心。再推荐一本书，琳达·格拉顿的《未来工作：如何设计满意的工作和生活》。这本书对未来的工作场景进行了详细预测，探讨了人们会在哪里工作、为什么工作以及如何工作。新冠疫情发生之后，许多企业的工作逻辑发生了彻底的变化，琳达·格拉顿的书为我们提供了面对这些变化的思考框架。

　　琳达·格拉顿是伦敦商学院的教授，她的另一部作品《百岁人生：长寿时代的生活和工作》也非常值得一读。这本书探讨了在未来人类寿命可能达到 100 岁的情况下，我们如何规划人生的各个阶段。随着寿命的延长，你可能在 40 岁时决定重返校园学习，或者在 50 岁时决定重新开始一段感情。

　　因此，她对未来的预测非常有趣。这本书的核心内容可以分为以下三个步骤。

　　第一个步骤是理解你工作的重要性。你现在可以静下心来思考一下，无论是你的公司雇用你，还是你自己创业，你的价值在哪里？这让我花了很长时间去思考，为什么别人需要我，为什么我的工作对他人有意义？你需要细化你工作的各个方面。

　　举个例子，在写作领域，为什么大家愿意读我的书？是因为我的书里信息量足够大，我一开口、一动笔，就能提供大量信息，这就是我的特点。你也可以思考一下，你在工作中最重要的方面是什么？如何判断呢？很简单，首先看你的生产力，你为这份工作带来了什么样的产出？

　　第二个步骤是审视你的人际关系。你拥有怎样的资源和人脉？你能够链接到什么样的圈子？这里特别需要提到一点：很多时候，推动你前进的并不是你最亲密的强关系，而是那些偶尔接触的弱关系。事实上，许多工作机会和资源往往就是通过这些弱关系促成的。思考并利用好这些人际资源，可能会为你的职业生涯带来意想不到的转机。

你需要明确自己从工作中能获得什么。有人可能会觉得这有些功利，但事实上，了解自己的需求是非常重要的。过去，我们工作的目的可能只是消磨时间，但现在，你需要思考自己真正想要什么，这些需求将决定你为什么而工作，以及你的核心技能是什么。如果你能明确这些概念，就可以重新定义你的工作。

我举个简单的例子，为什么我意识到我的写作如此受欢迎？因为我的写作具有高度的情感感染力和信息量。近些年，我的写作能力和视频质量有了显著提升。这是因为之前，我无法保持高昂的情绪，而且那时获取的信息量也非常有限。但现在，我有更多的时间阅读大量的英文书籍，看到了一个更广阔的世界。所以，我在写书或者制作内容时，所有的情感都能集中在一个点上爆发。这是因为我理解了工作的核心，知道在哪些方面我是不可替代的。这就是你需要理解自己的第一步。你要意识到自己不可替代的部分，除此之外的其他事情都可以交给 AI 处理。

现在，你可以花点时间，回顾过去的工作经历，思考在哪些方面你是独一无二的，你在工作中真正重要的部分是什么。这将帮助你重新设计你的工作，为未来的职业发展打下坚实的基础。如果没有，也别闲着，赶紧想想还有什么办法能让自己有这样的能力。

第三个步骤是尝试新的工作模式。当你明确了什么是重要的，就可以开始重新设计你的工作场所和时间安排了。过去，人们习惯于将员工固定在办公室里，工作时间 8～10 小时，但其实很多时候员工只是"磨洋工"。如今，为什么不可以让员工在家工作，在完成任务后直接下班呢？如果你还在坚持传统的办公室工作模式，可以看看微软、谷歌等公司，它们的工作方式非常灵活。

2. 我对灵活工作方式的切身感受

我有一个朋友，也是我的读者，她在西雅图工作。每次我去找她玩，她总是有时间。我问她为什么，她说她每天只工作两小时，而且一年有 6 个月的带薪休假，能够到处旅行。这种灵活的工作方式不仅提高了她的工作效率，也提升了她的生活质量。

同样地，工作场所的选择也应该灵活。你可以选择在办公室工作，也可以在家办公，或者在咖啡厅里工作。哪种方式效率更高？答案可能因人而异，但你可以思考未来是否有可能成为数字游民。数字游民是指那些可以通过互联网在世界各地工作的人。我就是一个数字游民，只要我有网络，我就可以在任何地方工作和表达自己的思想，没有必要固定在一个地方。我可以在任何我想去的地方，而我的大脑却固定在云端，可能是某个 App，也可能是某个小程序。

因此，重新定义你的工作场所和时间至关重要。现在我的工作时间每天可能只有两三个小时，但那是我最高效的时间。剩下的时间，我可以用来玩游戏、陪伴家人，或者种菜。

请注意，一旦你将工作完全数字化，就能节省很多时间和精力。比如，你不再需要通勤，不用到处奔波，也不用打卡，更不用应付复杂的人际关系。有一天，我在开电话会议的同时，在厨房做了一道宫保鸡丁。这是我第一次尝试做这道菜，而会议效率一点儿也没有因此而降低。

未来的工作模式一定是更加灵活的。有时候，在家工作的效率可能会降低，那么你可以尝试一些方法以提高效率。比如，把房门关上，为自己设定规则，删除手机上的游戏，或者在家里穿上正式的工作服，给自己一个仪式感。

这一切涉及工作时间的管理。如果你的时间与公司同步，那么可以提高协同性，但这也意味着你需要始终在线，工作随时可能被打断。其实，从脑神经学的角度看，这并不理想。但如果你像我一样，与同事之间有时差，工作时间可以异步进行，你就能拥有更多属于自己的专属时间，从而更好地平衡工作和生活。这种工作状态使我有大量的时间用来写作与读书思考。

在温哥华的早晨，我通常不看手机，因为那个时间在北京的人还在睡觉，没人会找我。在这种情况下，我发现我的工作效率反而提高了。我完成工作后，把内容发给团队，他们剪辑好视频再发布到网上，一切顺利进行。这样的工作方式完全可行。

3. 富士通的灵活办公模式及相关思考

富士通，这家日本最大的 IT 公司，也是全球第四大 IT 服务公司，在疫情期间大多数员工从办公室转移到家里办公。富士通的高管发现，这是一个重新设计工作场所的好机会。他们对员工进行了调查，结果显示 30% 的人喜欢在家工作，55% 的人喜欢居家和办公室混合办公。虽然很多员工有时喜欢居家办公，但确实有少数人希望一直居家办公，原因很简单：通勤时间太长了。

于是，富士通的设计团队决定重新设计办公室空间。他们设计了三种不同类型的办公场所。第一种类型叫"共享办公室"，类似 WeWork 模式，就是在居民区附近租一栋小房子，员工可以在线办公。需要开会时，召集大家到这个共享空间，既方便又省钱，因为房租从市中心移到了郊区，成本大幅降低。

通过这种灵活的办公模式，富士通不仅提高了员工的工作效率，还减少了公司的运营成本。这种办公模式不仅适合疫情期间，也很可能成为未来办公的新常态。

第二种类型的办公室是"卫星办公室"，它们主要设置在人流密集的车站附近，或大城市的郊区，作为人际网络的节点。项目团队可以在卫星办公室预定场地，方便快捷地召开项目会议。例如，员工下了地铁就能直接开会，不需要再长途跋涉回公司总部。这样的临时办公场所非常灵活，既节省了时间又提高了效率。

第三种则是"中心办公室"，即公司原有的总部或大型办公室。虽然这些办公室没有发生根本性变化，但它们的用途更加明确：重要的会议、头脑风暴和需要面对面沟通的工作会在这里进行。这种安排的核心目的是通过面对面的互动激发创造力，促进团队合作。富士通的员工会在这里与供应商、合作伙伴见面，利用这种环境的高互动性，推动更有创意的想法生成。

这三种办公模式让员工可以自由选择适合自己的工作地点，既有利于提高工作效率，也反映了富士通对员工的高度信任和灵活管理的决心。未来的工作方式，毫无疑问将更加注重目标导向。

我还看过一个有趣的例子，印度的跨国公司塔塔咨询服务公司发明了一种叫"站会"的会议形式。顾名思义，这种会议是让所有参会者站着进行的。因为站着不舒服，大家会尽量避免废话，通常 15 ～ 20 分钟就能完成，最快的情况下甚至只需要 10 分钟。这种会议形式目的性非常强，能够大幅提升会议效率。我现在也在我的公司推广这种"站会"，只要明确了会议的目的，效率确实提高了很多。

虽然我刚刚提到的一些未来工作场景听起来像天方夜谭，但在人工智能迅速发展的背景下，这些想法和可能性变得越来越现实。最关键的一点是，我们需要测试和检验这些新的工作模式。你需要思考当前的工作流程能否无缝过渡到未来，是否具备足够的灵活性以支持技术转型。好的工作模式不仅要适应未来的变化，还要能够促进团队或个人在技术上的进步。

随着技术的飞速发展，人们对工作的期望也在不断变化。机器取代人力的可能性既可能激励我们提升自己的能力，也可能促使我们重新审视哪些新技能值得学习。无论你是团队的领导者，还是个体贡献者，或是普通员工，都应该尝试掌握并运用最新的 AI 工具提升工作效率。未来的数字化技能本身将成为一种重要的数字资产，这一点无论如何都不能忽视。

因此，未来的工作岗位可能会专门设置一些职位，要求应聘者能够熟练使用 AI，甚至会特别关注那些擅长编写 AI 指令的人。总之，理解你工作的核心要素、重新设计你的工作场所和时间并不断检验和优化新的工作模式，将成为未来工作最核心的要素。

2.4　李飞飞：底层怎么逆袭?

斯坦福大学教授李飞飞在 2024 年年初宣布了她的创业计划，并在同年创立了她的 AI 初创公司。这家公司专注于空间智能，旨在开发能够理解和处理三维物理世界的 AI 模型。这个研究方向符合她计算机视觉领域的深厚背景，有望给医疗、制造等多个行业带来革命性的影响。李飞飞决定利用她在斯坦福大学的两年学术休假（2024—2025 年）全身心投入这家新公司。

一般来说，大学教授每五六年会有一年的学术休假，工资照常发放，但教授无须承担任何教学或校内的学术任务，可以自由选择研究课题、方向和地点。很多教授利用这段时间做访问学者、创业，或从事其他自己感兴趣的事务。

事实上，李飞飞的创业决定并不令人感到意外。以她在 AI 领域的地位，再加上如今 AI 行业的热潮，她做出这个决定并不让人惊讶。不过，在探讨她的创业计划之前，我们不妨了解一下李飞飞的生平。许多人知道她是 AI 界的"教母"，也是美国国家工程院院士，但在成为学术和业界领袖之前，李飞飞经历了不少艰辛。她是真的从底层爬起来的科学家。

1. 李飞飞的求学之路：从成都到普林斯顿

李飞飞与那些从小在美国受教育的华人不同，她 16 岁才从成都来到美国。她出生于北京，在四川长大，出国前就读于成都七中。李飞飞曾在采访中描述她的感受，形象地将自己比喻为一棵树，正要在原本的土地上开花结果时，却被连根拔起，移植到了另一片陌生的土地上。

李飞飞从中国成都移居美国，在语言障碍和文化差异的重重压力下，她依然努力学习，最终考入普林斯顿大学，开启了她在 AI 领域的传奇生涯。

1989 年，李飞飞的父亲先行来到美国，三年后，母亲带着她来美国与父亲团聚。她的父母都是知识分子，父亲曾在成都一家化学公司的计算部门工作，母亲是中学老师。虽然在国内的生活还算不错，但到了美国，由于语言不通，且两人年过四十，找工作并不容易。父亲在美国开了个修理铺，主要修理照相机等电子产品，这是他在国内的业余爱好。

母亲则在超市担任收银员。之后，一家人借钱开了一家洗衣店，虽然生意不错，但只能勉强维持生计。

李飞飞提到，刚到美国时在学校遇到了很多困难。对于一个十几岁的孩子来说，语言障碍让她与同龄人之间难以交流。在国内，学习成绩优异意味着一切都好，但在美国，事情并非如此。美国的高中生可以自主选课，并参与各种课外活动，校园霸凌现象比国内严重得多。异国他乡就像一片海，李飞飞形容自己的处境为 "swim or sink"（要么游泳，要么沉下去）。

在 20 世纪 80 年代和 90 年代，美国的校园暴力现象引起了广泛关注，尤其是在青少年群体中。根据当时的研究和数据，校园暴力的形式多样，包括语言欺凌、身体暴力以及威胁性行为。来自一份十二年级的学生自我报告的数据显示，1989 ～ 1999 年，约有 20% 的学生表示曾在学校遭遇过某种形式的暴力行为。

其中，男生和来自农村地区或单亲家庭的学生往往更容易成为校园暴力的受害者。此外，非裔美国学生的受害率也显著高于其他族群。这种暴力行为对学生的心理和学业表现都有不利影响，许多受害者出现了自尊心下降、学业成绩下滑以及社交孤立等问题。

李飞飞来到美国后，面临的正是这样一个复杂的校园环境。她不仅要适应语言和文化的巨大差异，还要应对学校中可能存在的欺凌和排斥，这无疑为她的成长增添了不少挑战。

在一次采访中，李飞飞讲述了中学时的一次经历：一个本地孩子欺负一个北京女孩，另一个北京男孩打抱不平，被打成脑震荡，但打人的孩子只被停学三天。当时李飞飞作为一个即将大学入学的高中生，每天还要打工补贴家用。她的妈妈因身体不好，不能长时间工作，所以高中期间李飞飞做过收银员、清洁工和服务员，节假日一天要打 12 个小时的零工，时薪仅两美元。尽管生活艰难，但李飞飞遇到了一位好老师——鲍勃。他后来一直与李飞飞保持联系，她在成名后写的回忆录中表示，鲍勃对她的影响仅次于父母。李飞飞数学成绩很好，有一次考试得了 89.5 分，而 90 分以上才能算 A。她壮着胆子去找老师要 0.5 分，老师说不能改分，但可以给她补课。这位老师本来教的课程中没有微积分和高等数学，但看到李飞飞数学成绩好且上进，便每天中午单独给她开高等数学课，并提供许多课程之外的指导。这位老师就是鲍勃。他们还讨论文学作品，一起看科幻小说。后来，李飞飞家开洗衣店时，鲍勃还借钱给他们家。高中毕业时，李飞飞只申请了麻省理工学院、罗格斯大学和普林斯顿大学，最终她选择了普林斯顿大学。她觉得普林斯顿大学的人文气息更浓。尽管她获得了奖学金，但生活费依旧不够，她每周末都要回家里的洗衣店帮忙。寒暑假期间，她会到各个学校实验室实习，增加工作经验，还能挣点外快。

李飞飞于 1999 年大学毕业，其时美国就业市场繁荣，对于普林斯顿的学生来说，工作机会很多。她争取到普林斯顿的研究经费，一个人跑到西藏做了一年的课题，研究藏医藏药。普林斯顿有个奖学金，每年给一个本科生随便立一个课题，一年时间费用实报实销，但课题必须是新的，且需独立完成。

从西藏回来后，她进入加州理工学院攻读博士学位。读书时她的妈妈的病情加重，洗衣店也开不下去了。父母搬到加州，与她挤在博士生宿舍里。生活困难，他们没有保险，看病也只能找华人诊所。后来，李飞飞将父母作为赡养人，放到自己的学生保险名下，才解决了这个问题。

在这种情况下，李飞飞去麦肯锡面试。面试很顺利，她回忆说基本就是介绍人生经历，讨论科学和哲学。如果入职麦肯锡，当年的年薪应该是六位数。但她的妈妈极力劝她走学术道路，虽然收入可能比咨询公司或金融公司低，但更适合她。在她的回忆录中，妈妈说了一句经典的话："我们一家人费这么大劲来美国，是让你找到人生的方向，而不是为了让你挣大钱。"

2. ImageNet：引领 AI 视觉领域的革命

李飞飞在斯坦福大学创建的 ImageNet 项目推动了 AI 在图像识别技术上的突破。通过她的努力，人工智能能够更好地"看到"我们所看到的一切。

之后，李飞飞从加州理工学院博士毕业后进入斯坦福任教，时年不到 30 岁。在一个当时不被看好的图片人工智能识别赛道上深耕多年，创立了 ImageNet 数据集，标注了 1500 多万张图片。她主办的 ImageNet 人工智能大赛在很长时间内都是业内大事件。我们现在用到的绝大多数图像识别相关的模型都源于此。

ImageNet 是由李飞飞主导的一个大规模图像数据集和计算机视觉研究项目，于 2009 年启动。现在人工智能所有的团队都知道，ImageNet 的目标是创建一个庞大的、经过分类标注的图像数据库，用于训练和评估图像识别算法。这个项目的独特之处在于它的规模和质量，它包含超过 1500 万张经过分类和标注的图像，涵盖了超过 2 万类物体。

ImageNet 项目通过亚马逊 Mechanical Turk 平台进行大规模的人工标注，确保图像标签的准确性。这个数据集不仅提供了丰富的图像数据，还设立了 ImageNet 大型视觉识别挑战赛（ILSVRC）。这是一个在国际上非常重要的计算机视觉竞赛。该挑战赛自 2010 年起每年举办，吸引了全球顶尖的研究团队参与，推动了深度学习和神经网络的发展，尤其是在图像识别领域。

ImageNet 及其挑战赛对计算机视觉和人工智能领域产生了深远的影响，被认为是推动现代深度学习革命的重要推动力。许多现在广泛使用的图像识别模型，如卷积神经网络，都是在参与 ImageNet 挑战赛的过程中得到开发和优化的。

通过 ImageNet，李飞飞不仅为研究界提供了一个强大的工具，还带动了 AI 在图像识别领域的飞速进步，使得计算机视觉技术在各行各业得到了广泛应用。

3. 中美文化之间的桥梁：李飞飞的全球视角

李飞飞在美国取得了巨大的成就，但她始终保持着对祖国的认同。通过学术和技术上的突破，她致力于推动中美之间的科技合作，成为跨国文化的桥梁。

对于东西方文化的感受，李飞飞在一次采访中说，自己从小在中国长大，对中国有很深的感情，但出国经历给她带来了不同的文化视角。经历过歧视，也接受了很多当地人的帮助，这让她对自己中国人的身份认同更加强烈。她说自己如果能拿到诺贝尔奖，希望是以中国人的身份拿到的。

她在自传中说，之所以投身于当时不被看好的人工智能赛道，一个原因是当时陪妈妈看病时，觉得护士和医生冷漠，可能是因为病号太多，大家太忙。她觉得如果能让机器或程序具有人类的理解力和感知力，或许可以改变这种情况。

在 CNN 采访她时，记者问她觉得自己是中国人还是美国人。她毫不犹豫地说："我当然是中国人。"作为中国人，照顾父母也是她的责任。她说自己来美国后，第一次回国时因为太兴奋，没有参加高中毕业典礼。下了飞机后，她简直想亲吻地板。她在访谈中说，几年的时间让她和同学们的心态和眼界有了很大不同。而随着年龄增长，这种感觉越来越强烈。她觉得同学们有时做事参杂太多的投机心理。

她在普林斯顿大学组织抗日战争期间侵华日军南京大屠杀研讨会时，学校赞助了 3 万多美元，召集了 300 多位学者。她认为从不同角度观察，更容易看到人性中的共通之处，国与国、人群与人群之间的区别远没有人性的共通之处重要。

因为与国内关系密切，李飞飞在美国一度被批评。她 2017 年出任谷歌副总裁和 AI 首席科学家，上任后很快在中国建立了谷歌研发中心，但在她卸任后研发中心被撤了。

2018 年她返回斯坦福大学任教，担任"以人为本智能研究院"院长。2020 年她当选美国工程院院士，并出任推特独立董事。当年 10 月，她当选美国医学院院士。2022 年，她当选美国文理科学院院士和电气与电子工程市协会院士。在美国科研系统中，几乎所有荣誉她都获得了。

李飞飞目前在领英上的职位显示为"Something new"，是全职。是的，一切刚刚开始，让我们拭目以待。

2.5　马斯克：从 0 到 1 的创新是未来的一切

在开始这一部分之前，大家可以闭上眼睛，思考一下：有没有什么东西是你从未见过，却有可能在未来出现的？停下来，认真想想。如果你已经想到了，不要犹豫，也不要害怕，大声地告诉自己——无论你想到的是什么，都可能成真。

这让我想起了小时候的一个想法：冬天每次戴上手套时，手套本身会让手感到冰冷。我当时还在上小学二年级，就想到如果能在手套里放一个加热的电阻丝，手套就能提前加热，这样戴上时就不会感到冷。我满心欢喜地把这个想法告诉了我父亲，他却打断了我，说："这是什么发明？你数学考了多少分？"这个想法被他一语扼杀了。多年以后，我上大学，看到一个同学给女朋友买的冬季手套——哎，市面上已经出现加热手套——我才意识到这个创意在那个时候就已经实现了。

这个故事给了我深刻的启示：未来的创新往往源自那些大胆的想法和对世界的深度思考。真正的创新不在于从 1 到无穷大的扩展，而在于从 0 到 1 的创造。这种从无到有的突破，就是未来最伟大的力量。

我想向大家介绍一个实现了从 0 到 1 的创造的天才——埃隆·马斯克。他的创业经历正是这种创新精神的完美体现。

我想通过马斯克的成长经历和他的创业故事探讨什么叫作从 0 到 1。我要特别感谢中信出版社引进了《埃隆·马斯克传》，我有幸成为了第一批读者，读完后才真正意识到，原来任何人都可以成为自己想要的样子，只要敢于将从 0 到 1 的精神发扬光大。

1. 从南非到全球科技领袖：马斯克的移民之路

马斯克的成长历程充满了挑战，从南非移民加拿大，再到美国求学和创业，他展现了从 0 到 1 的创造精神，逐渐成为全球科技的引领者。

埃隆·马斯克的出生环境与很多天才一样，充满了挑战和低谷。他出生于南非的一个家庭，这个家庭的背景与他人的截然不同。如果大家去看他母亲的传记，就能理解他所处的环境。他的父亲从小对母亲家暴，甚至非常残忍，这也促使他母亲在生下三个孩子后，决定离开这个家庭。而这些经历也使得马斯克的性格变得与众不同。他从小喜欢做两件事：一是阅读科幻小说，尤其是《太空漫游》之类关于未来和宇宙的故事；二是动手创新，探索新的技术与想法。

在 10 岁的时候，马斯克自学了编程，并且开发了一个名为 *Blastar* 的电子游戏。这预示着他未来会在科技领域做出一些极具影响力的事情。1981 年，马斯克在南非完成中学教育后移居加拿大，开始了他人生的新篇章。

在《埃隆·马斯克传》中，有一段马斯克的颇为有趣的经历：当时只有 17 岁的马斯克独自一人前往移民局，询问移民加拿大的方法。试想一下，有多少孩子会这样主动去移民局询问自己的未来？马斯克明确表示自己希望移居加拿大，并认真询问了具体的步骤。次日，他不仅准备好了所有所需材料，还成功获得了加拿大皇后大学的录取通知书。

接着，他与母亲坦白："妈妈，我想移民加拿大，我不能继续在南非与恶魔生活在一起。"这里所提到的"恶魔"正是他的父亲。马斯克与母亲商量后，提议让母亲先去加拿大考察一番。母亲同意了，并在考察后返回南非。然而，马斯克在母亲考察期间将家中的所有家具卖掉，断绝了母亲的退路，坚定地要求她与自己一起前往加拿大。这一举动充分展示了马斯克的决心与勇气。

1989 年，马斯克带着父母给的 4000 美元（父母各给他 2000 美元）离开南非，移居加拿大。他凭借母亲的加拿大国籍获得了加拿大公民身份。在抵达加拿大后，马斯克住在一家青年旅馆，与五个人共用一个房间。这段时间对他来说充满了挑战，他必须迅速适应新的生活环境。起初，他在安大略省的皇后大学就读了两年，然后转学至宾夕法尼亚大学。这次移居加拿大的决定不仅改变了他的生活轨迹，也为他日后在美国的成功打下了坚实的基础。

一些 AI 和科技界的成功人士之所以能够取得今天的成就，很大程度上归功于他们勇于打破常规，敢于从零开始。如果要总结，就是四个字：不破不立！以梅耶·马斯克为例，作为马斯克的母亲，她在模特界曾是一颗璀璨的明星，生活也相对优渥。马斯克的父亲也出身于一个不错的家庭，然而，马斯克深知，若想创造未来的可能性，必须打破过去的一切认知，勇敢地迈出从 0 到 1 的步伐。

在南非完成中学教育后，马斯克决定移居加拿大。这一决定标志着他人生中从 0 到 1 的重要一步。常常有家长问我，为什么普通家庭也要带孩子出国走走？我的回答是：这是一种从 0 到 1 的尝试。孩子从熟悉的环境走出去，进入一个全新的世界，无论最终是否能留在国外，这都是一次宝贵的经历。

2. 马斯克的创业精神：从 Zip2 到 SpaceX

马斯克通过创建 Zip2 和 SpaceX（太空探索技术公司）等公司，展现了他从无到有的创业精神，尤其在面对技术难题和商业挑战时，他的坚持和远见使这些公司取得了巨大的成功。

马斯克在宾夕法尼亚大学获得了经济学和物理学的双学位。然而，在宾夕法尼亚大学期间，马斯克感到自己更倾向于创业，而不是仅仅追求学术。当一个人决定创业时，大学文凭可能就显得没那么重要了。所以，在他进入斯坦福大学的第 2 天，就决定离开学校开始创业。创业的本质就是从无到有。正因如此，未来的创业家和企业家将成为最稀缺的资源，因为他们能够从 0 到 1 开创前所未有的事物。

　　马斯克一生中有很多从 0 到 1 的经历，尽管有些创举可能让人难以接受，但这正是创新的本质。1995 年，马斯克与弟弟金巴尔共同创立了网络软件公司 Zip2，这是他又一次从 0 到 1 的冒险。

　　Zip2 是一家为报纸提供城市指南的公司，可以理解为电子版的黄页。马斯克在创业初期面临了许多挑战，但通过不懈的努力，Zip2 在 1999 年时估值达到了 3.07 亿美元，最终以这一价格被一家大公司收购，而马斯克从中获得了 2200 万美元的收入。这笔资金成为他人生中的第一桶金。

　　马斯克在自传中提到："在这之前，我的账户上只有 500 美元，而现在有了 2200 万美元。"拿到这笔资金后，马斯克的人生选择大为扩展。他的经历告诉我们，人生的第一笔财富可能是通过努力积累的，但要获得更大的财富，你必须创造出被世界需要的东西。而这种创造往往是从 0 到 1 的，而非从 1 到无穷大。简单来说，创新带来的无限可能性，才是商业世界中最美好的部分。

　　马斯克成功地通过 Zip2 积累了资金，这为他后来更大规模的创业项目奠定了基础。

　　马斯克在退出 Zip2 公司后，创立了一家在线支付公司，名为 X.com。这家公司后来与另一家名为 Confinity 的公司合并，最终形成了今天广为人知的 PayPal。支付宝就是中国版的 PayPal，也是现代电子支付领域的重要奠基者。通过它，在线支付变得更加便捷和普及。

　　2002 年，eBay 以 15 亿美元收购了 PayPal，马斯克作为当时的最大股东，获得了约 1.65 亿美元的收益。这再次证明了他在创业方面的远见卓识。马斯克的创业并不总是为了迎合现有市场，而是通过从 0 到 1 的创新，创造出一些新事物。这些创新可能在初期不被大公司理解，但一旦它们成长到一定规模，大公司往往会出高价将其收购，因为它们无法在短时间内复制这样的成功。

马斯克随后在 2002 年创立了 SpaceX 公司。他最初的目标是降低太空运输成本，但随着时间的推移，他的目标逐渐扩展到让人类能够在其他星球上居住。尽管 SpaceX 公司经历了多次失败，尤其是在火箭发射方面，但马斯克一直坚持不懈。2008 年，SpaceX 公司成功发射了"猎鹰一号"火箭，这一成功为公司赢得了 NASA 的合同，并挽救了 SpaceX，使其免于倒闭。

马斯克的故事展示了创新与执着的重要性，虽然他每次创业最终都将公司出售给大公司，但每一次的创新和进步都在不断推动着科技的发展，也都是他个人的成功。

如果不是他的创新和他的执着，不可能有这么多人愿意相信他。

我经常思考我们的教育和未来的走向。如果我们只是希望孩子从 1 到无穷大进行复制，他或许可以成为一个出色的执行者，一个系统中的螺丝钉。但如果我们期望孩子成为一个不一样的人，甚至是一个伟大的人，脱离了平庸与低级趣味的人，那么他必须做一些不一样的事情。这些不同寻常的事情，或许在最初看起来匪夷所思，甚至让人难以理解，但它们正是从 0 到 1 的创新。

3. 特斯拉与 Neuralink：从地球到宇宙的梦想

马斯克不仅通过特斯拉汽车公司改变了全球的电动车行业，还通过 Neuralink 公司探索人脑与 AI 的融合。他的创新视野不再局限于地球，而是迈向太空和人类未来。

马斯克的故事正是这样的例子。2004 年，他参与创立了特斯拉汽车公司，致力于推广电动汽车。在今天，电动汽车已成为全球趋势，而特斯拉在这一领域无疑是成功的典范。马斯克不仅推动了新能源汽车的发展，还与堂兄弟共同创立了 SolarCity（太阳城公司），致力于普及太阳能发电技术。SolarCity 后来被特斯拉收购，成为特斯拉能源产品的一部分。

与此同时，马斯克在 2016 年创立了脑机接口公司 Neuralink，探索人类与人工智能之间的连接。这些成就的背后，不仅是因为他早期成功积累了财富和资本，更重要的是他从小培养的创新思维和不懈追求创新的精神一直伴随着他。

马斯克能够创立这么多影响深远的公司，不仅因为他有充足的资金，更因为他从未停止过创新和思考，从 0 到 1 的勇气和能力使他在多个领域成为引领者。这正是我们在思考教育和未来发展时需要考虑的：如何培养出具有创新能力的下一代，让他们敢于去做那些听起来"匪夷所思"的事情，从而推动社会的进步。

2016 年，马斯克创立了 Boring Company（无聊公司），这家公司以解决城市交通拥堵为目标，通过建造地下隧道缓解地面交通压力。虽然名字看似简单，甚至有些玩笑性质，但 Boring Company 的实际影响力却不容小觑。这家公司已经在多个城市完成了隧道测试项目，展示了其在地下基础设施建设领域的巨大潜力。

与此同时，马斯克在同一年与其他几位合作伙伴共同创立了 OpenAI，这是一家致力于人工智能研究和部署的公司。OpenAI 的目标是确保人工智能，尤其是通用人工智能（AGI）能够造福全人类。如今，OpenAI 已经在多个 AI 领域取得了重大突破，成为行业的翘楚。

马斯克的这些举措不仅是为了创新和解决问题，更体现了他独特的创造力和远见。他的每一步都展示了从 0 到 1 的精神，这种精神推动着他不断开拓新的领域。未来，如果你的孩子有一些看似"不切实际"的想法，请不要轻易打击，而要想办法给予支持。这种支持能帮助他们走得更远，使他们的成就可能超出你的想象。

我常常翻阅梅耶·马斯克女士的传记。她是马斯克的母亲，一个对马斯克影响深远的女性。几年前，梅耶来到上海，我和朋友们特意为她站台，并为她颁奖。如果没有梅耶对马斯克"无聊"想法的支持，他可能不会有今天的成就。如今，梅耶·马斯克已近 80 岁，仍然在努力直播带货，继续展示她的活力和创新精神。这种精神同样值得我们学习和传承。

2.6　保护你的数字身份

1. 数据身份与数据隐私

请先看下面的案例。

李华（化名）在社交媒体上发布了一张家庭聚会的照片。不久后，朋友们收到了看似是他发来的信息，询问借款事宜。朋友们没有多想，纷纷汇款。然而，李华对此一无所知，直到朋友们质问他为何不归还借款时，他才发现自己的社交媒体账号被黑客入侵，个人信息被盗。这个小小的疏忽导致了李华和他的朋友们遭到了巨大的财产损失，更严重的是，李华的数字身份已经被不法分子掌握，进一步的风险也会随之而来。

在数字化的世界里，我们的身份不仅仅存在于现实中，也以数据的形式存在于网络世界中。每一条社交信息的发布、每一次在线购物、每一封电子邮件，都会在网络中留下数字足迹。这些足迹构成了我们的数字身份，而数据隐私则是保护这些身份的关键。数字身份是现代社会中不可或缺的一部分。无论是网上购物、社交互动，还是工作中的线上协作，数字身份都在其中扮演着重要角色。如果不加以保护，数据泄露或身份假冒可能会导致无法挽回的后果。这不仅是经济损失的问题，更可能影响到个人的声誉和安全。因此，理解并维护数据隐私已经成为每个现代人的必修课。

数据隐私关系到个人的数字身份，李华的例子说明了隐私泄露可能带来的财务损失和身份假冒等风险。随着数字化的加速，数据隐私问题需要引起每个人的关注。

2. 数据隐私面临的主要威胁

什么是数据隐私呢？简单来说，数据隐私是指个人对自己数据的控制权。它涉及个人数据如何被收集、存储、处理和共享。随着互联网和智能设备的普及，数据隐私的重要性日益凸显。

在过去，隐私更多与物理空间相关——你的家、你的信件、你的财产。但在今天，隐私的概念已经扩展到数字世界中。我们的数据，特别是那些能够直接或间接识别个人身份的信息，如姓名、地址、电话号码、电子邮件、IP 地址，甚至是浏览历史，都是我们隐私的一部分。

数字身份是由一系列数据点构成的，这些数据点涵盖了我们在网上活动的方方面面，具体如下。

（1）个人信息，如姓名、生日、身份证号码等。

（2）在线行为，如浏览记录、社交媒体活动、购买历史等。

（3）设备信息，如 IP 地址、设备 ID、地理位置数据等。

（4）生物识别数据，如指纹、面部识别数据、声纹等。

这些数据点可以被用于识别和跟踪个人。更重要的是，它们可以被聚合起来，构建出一个完整的个人数字画像。如果这些信息被不法分子掌握，可能会造成严重的后果——从财务欺诈到身份假冒，甚至会威胁个人安全。

数据隐私不仅是个人问题，也是社会和法律的问题。不同国家和地区对数据隐私有不同的法律规定。例如，欧盟的《通用数据保护条例》是目前全球最严格的数据隐私法规之一，旨在保护欧盟公民的数据隐私权。然而，在一些地区，数据隐私保护尚不完善，个人数据容易被滥用或盗取。

对于个人而言，数据隐私的重要性在于它能帮助我们维护个人安全，防止身份假冒或遭受其他形式的攻击。对于企业来说，遵守数据隐私法规不仅能避免法律诉讼，还能提升客户信任度，建立良好的企业形象。

随着技术的进步，数据隐私面临的挑战也在不断增加。理解数据隐私的基本概念，是我们在日益数字化的社会中自我保护的第一步。接下来，我们将探讨数据隐私面临的主要威胁，以及这些威胁可能带来的影响。

可能有人会说，这和我有什么关系呢？答案是"有的"。在如今的数字时代，数据隐私面临着多种威胁，我总结了如下最常见的一些风险。

（1）黑客攻击。黑客攻击是最直接、最常见的威胁之一。黑客通过入侵网络系统窃取个人数据，如银行账户信息、社交媒体登录凭据、电子邮件内容等。这些信息一旦落入不法分子手中，可能会被用来实施金融诈骗、身份假冒，甚至是勒索。

（2）网络钓鱼。网络钓鱼是一种通过伪装成可信赖的实体（如银行、电商平台等）来骗取用户敏感信息的手段。通常，攻击者会发送看似合法的电子邮件或短信，诱导用户点击恶意链接或下载恶意附件。一旦用户输入个人信息，这些数据就会被攻击者窃取并滥用。

（3）数据泄露。数据泄露是指企业或机构因系统漏洞或员工疏忽导致的个人数据外泄事件。近年来，多个大型企业的数据泄露事件引发了广泛关注。数据泄露不仅会导致个人信息被盗，还可能造成企业的经济损失和声誉受损。

（4）数据挖掘和追踪。许多企业通过数据挖掘技术收集和分析用户行为，以便进行个性化广告投放或市场分析。尽管这些数据通常是匿名的，但在某些情况下，数据挖掘可以揭示用户的个人信息和行为模式，侵犯了个人隐私。此外，追踪技术（如 Cookies、定位服务）也会记录用户的在线活动，进一步侵犯了个人隐私。

网络攻击、数据泄露、数据挖掘等都是数据隐私的常见威胁。随着AI 技术的进步，这些威胁正在变得更加普遍且难以防范，数据隐私保护面临巨大挑战。

3. 数据隐私泄露的后果及保护措施

数据泄露不仅是一个技术问题，它带来的后果可能是深远且多方面的。

（1）财务损失。一旦个人银行账户或信用卡信息被盗，用户可能会遭受经济损失。即使银行或金融机构最终能够弥补用户损失，但此过程中的时间和精力消耗往往是无法弥补的。

（2）身份假冒。身份假冒是数据泄露的严重后果之一。被盗的个人信息可以被不法分子用来申请贷款、办理信用卡，甚至进行非法活动。这些行为不仅会给受害者带来经济损失，还可能导致长期的法律纠纷和受害者信用记录受损。

（3）隐私暴露。数据泄露可能导致个人敏感信息（如医疗记录、私人通信）被公开或滥用。这些信息的公开可能对个人声誉、职业生涯，甚至人际关系产生负面影响。

（4）企业信任危机。对于企业而言，数据泄露会导致客户信任度下降，进而影响企业的市场表现。近年来，一些大型科技公司因数据泄露事件而面临严重的公关危机，并且付出了巨额的罚款。

在面对各种数据隐私威胁时，采取有效的保护措施至关重要。以下是一些关键的步骤，可以帮助你更好地保护自己的数字身份。

（1）使用强密码和双因素认证。密码是保护数字身份的第一道防线。使用强密码——即包含大小写字母、数字和特殊字符的复杂组合，可以显著降低密码被破解的风险。此外，尽量避免在多个账户中使用相同的密码。

双因素认证（2FA）是在密码之外增加的一层安全保障。即使密码泄露，攻击者也难以通过第二道验证。建议在所有支持双因素认证的账户中启用此功能。

（2）定期更新软件与系统。数据泄露事件大都是由于系统或软件的漏洞被黑客利用而造成的。因此，定期更新操作系统、应用软件和防病毒程序，确保它们都是最新版本，可以降低被攻击的风险。

（3）谨慎对待公共 Wi-Fi。公共 Wi-Fi 网络通常没有加密，容易被黑客截获数据。因此，在使用公共 Wi-Fi 时，应避免进行涉及个人信息的操作，如网上银行、购物等。

（4）审查隐私设置。在社交媒体、在线服务等平台上，定期检查和更新隐私设置。限制个人信息的公开范围，应避免不必要的信息泄露。特别是在使用社交媒体时，应避免过度分享个人生活细节，因为这些信息可能被用于网络钓鱼或社会工程攻击。

加密是一种重要的技术手段，可以有效保护数据隐私。它将数据转换为一种难以理解的格式，只有拥有解密密钥的人才能读取。

（1）加密个人设备。为个人设备（如手机、计算机、平板）启用加密功能，即使设备丢失或被盗，数据也不会轻易被人访问。许多现代设备内置了加密功能，只需在设置中启用即可。

（2）使用加密通信工具。使用端到端加密的通信工具进行交流，可以确保信息在传输过程中不会被第三方拦截或读取。对电子邮件，也可以通过加密插件（如 PGP）进行保护。

（3）加密云存储。对于存储在云端的文件，使用加密服务或加密软件进行保护，可确保即使云存储服务提供商遭到攻击，你的数据仍然是安全的。

4. 个人数据管理的最佳实践

保护数字身份不仅需要在技术上加以防范，更涉及日常生活中的习惯养成。以下是一些个人数据管理的最佳实践。

（1）最小化数据分享。在注册新账户或填写在线表格时，仔细审查所需的个人信息，提供最少的必要数据。不要随意提供身份证号码、生日、地址等敏感信息，除非绝对必要。

（2）定期检查账户活动。定期查看银行账户、信用卡和其他重要账户的活动记录，确保没有未经授权的交易。一旦发现可疑活动，应立即采取行动，如冻结账户、更改密码等。

（3）备份数据。定期备份重要数据，并将备份文件存储在安全的地方（如加密的外部硬盘或安全的云服务）。这样，即使发生数据泄露或设备故障，数据仍然可以恢复。

（4）教育和意识提升。保持对最新网络安全威胁和防护措施的了解，提高自身和家人对数据隐私的意识。通过阅读相关资料、参加网络安全课程或研讨会，增强个人对数据隐私的保护能力。

保护数字身份不仅是一个技术性的问题，更是日常生活中每个人都应该重视的习惯。通过采用这些措施，你可以大大降低数据泄露的风险，确保你的个人信息在数字世界中得到妥善保护。

5. 数据隐私的未来展望

随着科技的飞速发展，数据隐私问题将变得越来越复杂。人工智能、大数据、物联网等新兴技术的普及，使得我们在享受便捷生活的同时，也面临着前所未有的隐私挑战。未来，数据隐私保护将不仅依赖于个人的努力，更需要技术进步和法律保障的共同支持。

（1）技术的进步。新的加密技术、隐私计算、区块链等技术的发展正在为数据隐私提供更加坚实的保障。这些技术可以帮助我们在使用数字服务时，确保数据的安全性和隐私性。例如，零知识证明技术可以在不透露个人数据的情况下验证身份，为数字交易提供更高的隐私保护。

（2）法律和政策的加强。随着数据泄露事件频发，全球各国纷纷开始加强对数据隐私的法律监管。例如，欧盟的《通用数据保护条例》（GDPR）和中国的《个人信息保护法》都在这一领域发挥了重要作用。未来，更多国家和地区将出台相关法律，以应对日益增长的数据隐私需求。企业也将更加重视数据合规性，以避免法律风险。

（3）社会责任的提升。在未来，保护数据隐私将不仅是个人和企业的责任，也是整个社会的责任。公共教育、社会倡导和跨国合作都将发挥重要作用。每个人都需要意识到，数据隐私不仅关乎个人利益，也会影响整个社会的福祉。

6. 个人与社会共同维护数据安全的重要性

在数字化时代，数据隐私的保护不再仅仅是个体的任务，而是需要全社会的共同努力。个人在享受数字技术带来的便利时，必须对自身的数据隐私保持高度警惕。与此同时，企业和政府也需要肩负起更大的责任，通过技术创新和法律规范，为全社会的数据安全保驾护航。

（1）个人的责任。作为个体，我们需要增强对数据隐私的保护意识，主动采取措施保护自己的数字身份。从使用强密码到选择安全的服务平台，再到定期审查自己的在线活动，都是保护个人数据的有效手段。

（2）企业的责任。企业在处理用户数据时，必须遵循严格的隐私政策，确保数据的收集、存储和使用都符合法律要求。同时，企业还应当投资于数据安全技术，不断提高自身的防御能力，防止数据泄露事件的发生。

（3）政府和社会的责任。政府需要通过立法和监管建立健全数据隐私保护框架，确保公民的个人信息不被滥用。此外，社会各界，包括教育机构、媒体和非政府组织，也应积极参与保护数据隐私的普及教育，提高公众的隐私保护意识。

随着我们越来越依赖数字技术，数据隐私将成为我们日常生活中不可忽视的一个重要方面。通过个人、企业和社会的共同努力，我们可以在享受数字化便利的同时，保护我们的数字身份免受侵害。未来，数据隐私保护将不断发展和完善，成为构建数字社会信任的重要基石。

◉ 本章推荐书单

【1】书名：《自动驾驶之争》

作者：[美]亚历克斯·戴维斯

出版社：浙江科学技术出版社

出版时间：2023 年 6 月

【2】书名：《车轮上的历史》

作者：[英]汤姆·斯丹迪奇

出版社：中信出版集团

出版时间：2023 年 2 月

【3】书名：《未来的工作：传统雇用时代的终结》

作者：[美]约翰·布德罗，[美]瑞文·杰苏萨森，大卫·克里尔曼

出版社：机械工业出版社

出版时间：2016 年 9 月

【4】书名：《未来工作：如何设计满意的工作和生活》

作者：[英]琳达·格拉顿

出版社：中信出版社

出版时间：2024 年 3 月

【5】书名：《百岁人生：长寿时代的生活和工作》

作者：[英]琳达·格拉顿，安德鲁·斯科特

出版社：中信出版社

出版时间：2018 年 7 月

【6】书名：《埃隆·马斯克传》

作者：[美]沃尔特·艾萨克森

出版社：中信出版社

出版时间：2023 年 9 月

第 **3** 章

AI，未来教育的变革者

本章深入探讨人工智能对教育领域的颠覆性影响。从三个维度展开：首先，分析 AI 如何改变传统教育模式，让知识的重要性发生转变；其次，展望未来学校的模样，揭示教育环境的新变革；最后，思考在未来，英语和编程技能是否仍具有实用价值。通过本章的探讨，我们期望为读者揭示 AI 时代教育的崭新面貌，为适应未来教育变革做好准备。

3.1　AI 如何改变传统教育模式？

有朋友跟我开玩笑说："自从有了 AI，我感觉自己博学多了。有什么不懂的直接问它，就啥都知道了。"他说，知识不重要了。

接下来我们将探讨 AI 正在如何改变传统教育模式。很多人可能是通过关注教育认识到我的工作，我在教育领域工作了 10 年，22 岁登上讲台，32 岁离开讲台，重新进入学校。我之所以能够登上讲台，是因为我非常清楚我知道的比学生多。但在未来，即便我知道的没有学生多，只要我会使用工具，我仍然可以继续教学。这也就是为什么在未来，知道和不知道的界限变得不再那么重要了。

1. 从背诵到理解：加拿大教育的转变

加拿大的教育理念不同于许多传统的国家，更注重学生的理解能力而非背诵。AI 的发展进一步推动了这种转变，学生可以通过 AI 工具轻松查找信息，背诵不再是重点，取而代之的是思考和解决问题的能力。

我先分享一个真实的案例，这个故事发生在加拿大的一所学校。一个孩子的家长问老师，为什么不让孩子背乘法口诀表？老师的回答很经典："凡是我们可以通过手机或计算机查到的内容，我们都不会要求孩子背，因为背诵没有用。"这句话对我启发很大，理解比背诵更重要，而我们过去一直强调的是"背多分"，即背得越多，分数越高。然而，在未来，知识本身将变得越来越不重要，解决问题和提问的能力将变得越来越重要。

接下来，我想再给大家举个例子。现在硅谷有一种新型的学习模式，与传统教育模式完全不同。传统教育通常通过做题和背诵提高学生的分数，但在硅谷的这种新的学习模式中，学习的重点发生了转变。学生们不再只是被动地接受知识，而是通过提出问题、寻找解决方案，最终找到解决问题的路径。

假设一位体育生立志成为顶尖运动员，那么他首先需要设立一个清晰的长期目标，并将其分解为具体的短期目标和中期目标。例如，第一年可专注于体能与基础技术的训练，第二年则聚焦于提高专业技能和累积比赛经验，而第三年则以冲击全国或国际比赛为重点。

为了实现这一目标，体育生需要做详细的职业规划。具体包括以下几个关键领域。

（1）训练计划。每天的训练内容、时间安排及强度都需精确规划。例如，某些日子集中进行力量训练，而其他日子则注重速度和技术的提升。

（2）营养计划。科学合理的饮食是运动员成功的关键。摄取足够的蛋白质、碳水化合物和健康脂肪，有助于维持身体的能量供给。

（3）心理准备。培养积极的心态，进行心理训练，以应对比赛中的压力和挑战。

（4）团队合作。建立专业团队，包括教练、营养师、康复师等，以确保在每一个环节都能获得最好的支持。

随后，体育生可以将这些任务分解，并合理分配时间和资源，确保每一个环节都能被有效地执行。通过不断提出问题并优化计划，体育生可以在训练过程中随时调整策略，确保自己始终处于最佳状态。这种问题导向的学习和执行模式有助于体育生在实践中不断学习和成长，从而最终实现梦想。或许他成不了顶尖运动员，但他知道路径了。

2. AI 辅助职业规划：学生早期职业路线的设计

1）AI 工具与职业规划

我在加拿大曾和不列颠哥伦比亚省教育厅的朋友聊过，为了更好地实现人生目标，加拿大的教育体系特别重视职业规划。从八年级开始，学生就要上职业规划课，这门课能够帮助他们了解自己的兴趣和职业目标，并为未来的职业生涯做出合理的规划。这种规划不仅有助于学生更好地进行大学专业和职业的选择，更有助于其在早期就明晰自己的人生道路，从而避免在大学毕业后才意识到所学专业并非自己真正想要的情况。AI 在这个过程中提供个性化的建议和引导，帮助学生清晰地规划未来的职业路线，逐步接近他们的人生目标。

这与传统教育模式形成鲜明对比。传统教育通常通过做题和背诵提高分数，而在新的教育模式中，学生更多地通过提出问题和寻找解决方案进行学习。这种模式强调的是解决问题的能力和目标导向的学习过程，而不是单纯的知识积累。

例如，一些学生想要创立一家专注于出版心理健康书籍的公司，他们并没有先考虑如何撰写书籍或寻找作者资源，而是先利用 ChatGPT等 AI 工具提出关键问题，并通过 AI 的帮助找到了创业的具体步骤。通过不断提问和寻找答案，他们逐步明确了每一步的行动方案，并在此过程中获得了许多实际技能。

我有一次听了一节职业规划课，发现孩子们在听完老师的讲解后，会大致设定自己未来从事的职业。然后，在老师的帮助下，他们通过自己的思考和实践，一步步朝着这个目标前进。例如，我的一个好朋友的孩子想成为一名兽医。当被问及原因时，他说自己觉得动物很可爱，想成为它们的保护者。接下来，他和老师一起讨论了如何成为一名兽医，并在家里列出了一份包含二十多步的详细计划。因此，他在九年级的暑假就准备去一家兽医诊所实习了。

我与那位想成为兽医的孩子简单交流了几句后，发现他的方向可能并不完全正确。问题在于，孩子这么小，尚未完全了解自己未来的可能性。随着时间的推移，他可能会改变职业方向或进入新的领域。虽然他目前对成为兽医充满信心，但这种信心在很大程度上受限于他与老师的互动，而老师的认知水平也有其局限性。

然而，随着 ChatGPT 等人工智能工具的普及，职业规划将会发生巨大变化。比如，如果一个孩子想成为兽医，他可以询问 ChatGPT 需要哪些步骤。ChatGPT 不仅会提供基本的步骤，还会根据孩子的个性、兴趣和经验给出个性化的建议。这就像经典的脑筋急转弯"如何将大象装进冰箱"一样，虽然有标准的三步法，但 ChatGPT 会根据实际情况给出更详细的步骤和建议。

我一直鼓励年轻人，特别是家长，应该让孩子尽早学会使用 AI 工具。它可以成为一个可靠的助手，将每一步所需的问题和解决方案详细记录下来。因此，提出一个好问题将成为未来人与人之间最大的区别。你需要清楚地知道自己想要什么，未来的知识竞争将变得无关紧要。现在，一些家长不惜花费很多钱为孩子请家教。然而，请家教也有其局限性，家教可能会因为情绪或时间限制而无法全身心投入教学，但人工智能不会有这种问题。它始终保持最佳状态，随时为你提供信息。

与其让孩子在不理解的情况下背诵大量知识，不如让他们更早地去体验新事物，在体验中学习和成长。然后，他们可以通过 AI 工具一步步地了解自己感兴趣的职业或领域。

在 OpenAI 发布会上，可汗学院的院长萨尔曼·可汗受到邀请，他展示了如何使用 ChatGPT 陪伴孩子完成作业。事实证明，这种方法非常有效。许多学生已经开始使用 ChatGPT 背单词、练习口语，效果十分好。原来需要请一个外教，每小时费用很高，现在有了 ChatGPT，完全可以自主学习，节省了大量费用。

2）未来学校与教师角色转变

朱永新教授在《未来学校：重新定义教育》一书中也提到了类似的未来教育场景。未来的学校可能不再像现在这样有固定的地址或大门，也没有严格的时间表和课程设置，而是会演变成一个个学习中心。举例来说，如果你想学吉他，你可以去吉他的学习中心，那里或许没有传统意义上的老师，取而代之的是一个 AI 工具，它可以随时为你提供教学服务。学习中心的学生来自不同的年龄段，你可能会看到母亲带着孩子一同学习，学习的时间也完全由学生自己掌控。想想看，那真是一个温馨的场面。

未来的老师角色将更加侧重于提供情感支持和温暖的陪伴。在学习中心，所有的吉他和弦技术问题可能都由人工智能解决，老师的作用更多地体现在指导学生如何正确使用手指和手型等细节上，提供的是更为人性化的服务和支持。在这种未来教育模式下，学习将变得更加个性化和体验化，每个人都能根据自己的兴趣和需求决定学习的内容和节奏。这才是因材施教。

我的一个朋友在加拿大做私人教师，教授物理课程。通常学生在课堂上听到关于重力加速度等话题时，都会感到迷茫。为此，他采用了一种独特的教学方法：带着学生到加拿大的一个郊区，进行了一次坐直升机的体验。当他们上了直升机后，飞行员在飞行过程中做了一个特别的演示——暂时关闭了螺旋桨，让直升机瞬间下坠，随后飞行员又迅速启动螺旋桨，使飞机恢复平稳。这种突然的下坠感让学生亲身感受到了重力加速度的威力。当飞行员解释这就是重力加速度时，学生立刻明白了，通过这样的体验，他们很可能一辈子都不会忘记 9.8 这个数字和重力加速度的概念。

这正是未来教育的一个典范—体验式教育。学生通过亲身经历，在实践中掌握抽象的科学概念。同时，教育也会更加个性化和智能化，尤其在 AI 的辅助下，教师不再需要背诵大量知识点，也不再需要花费大量时间备课。未来的学习资源将非常丰富，学生可以随时随地获取所需的知识。这种模式将极大地冲击传统的出版行业和教培行业，尤其是那些依赖教师大量授课的教育模式将面临严峻的挑战。

3. 教育公平与 AI：打破阶级壁垒

AI 工具不仅能帮助富裕家庭的孩子学习，也为那些资源有限的孩子带来相同的机会。通过这些工具，孩子不再依赖昂贵的补习班或家教，只需使用 AI 工具即可获得优质的学习资源。

在未来，受益者将不再仅仅是那些可以支付昂贵学费的富人，而是那些善于利用 AI 工具的人，特别是那些来自贫困家庭但拥有智慧的年轻人。原本，富裕家庭能够为孩子支付高昂的培训班费用，使他们获得稀有的、难以获取的知识资源。然而，随着 AI 的普及，尤其是像 ChatGPT 这样强大的智能工具的广泛应用，知识将不再是稀缺资源。

AI 的出现和普及将使那些懂得如何利用技术的寒门子弟占得先机。他们可以通过 AI 快速学习，不再需要依赖昂贵的补习班或特定的教育资源。通过提问和与 AI 互动，他们可以随时获得所需的知识，且这些知识都是最新的、最前沿的。更重要的是，这些学生将有一个强大的"私人导师"——AI，随时为他们解答疑惑。

这种知识的普及能使教育更公平。AI 可以提供大规模的高质量教育资源，打破了地域和经济条件的限制。即便是生活在偏远地区或经济条件较差的学生，只要拥有互联网和一个月 20 美元的 AI 服务订阅费，就能获得与全球顶尖学生同样的学习资源和机会。

因此，未来的学习将不仅仅局限于一时一地，而是终身的、全球化的。随着 AI 不断发展，人们将不断更新自己的技能，学习不再是短暂的过程，而是贯穿一生的旅程。这一趋势将大大提高社会整体的教育水平，并为那些过去被教育体系边缘化的人群带来新的希望和机会。或许，这将是一个伟大的时代。

人和人的最大区别在于思维方式和知识储备。即便在 AI 的帮助下，这些差异依然会存在并继续影响个体的成长和发展。这正是马太效应的体现：那些拥有更多知识和经验的人能够利用 AI 进一步丰富和拓展自己的世界观，而那些思维较为局限的人，可能只能从有限的角度理解和使用 AI。

比如，一个理解世界丰富多样性的人，能够在与 AI 的互动中提出更复杂、更有深度的问题，从而获得更加广泛和深入的信息。他们知道世界不只是非黑即白的二元对立，而是充满了各种色彩和复杂性。这些人利用 AI 将使他们的生活变得更加丰富多彩。

然而，对于那些思维较为僵化、只看事物表面的人来说，AI 的使用可能就只局限于他们所认识的世界。这种人只能在 AI 中寻找简单的答案，无法从 AI 中获取更多、更深层次的价值。

因此，未来的教育不仅需要利用 AI，还必须适应这种个性化、智能化、灵活化的趋势。教育不再只是灌输知识，而是引导学生去探索、去提问，去构建属于自己的知识体系。

3.2　未来的学校是什么样的？

1. 未来学校的学习中心模式

未来的教育将从传统的课堂模式转向学习中心模式。学生可以在任何时间、地点获取知识，老师不再是主导者，而是提供辅助的角色。教育将以学生为中心，提供个性化的学习路径。

我去过一个高中，看到学生们在教室里 45 分钟一动不动地上课，这让我不禁思考：为什么我们一直坚持 40 ～ 45 分钟为一节课？这种安排是天经地义的吗？为什么每年总是 9 月份第一批新生入校，7 月份毕业？甚至有些家长为了赶上 9 月的入学时间，特意安排孩子在 8 月出生，以确保他们能准时入学。

未来，这些因为制度和时间安排导致人们必须调整自己学习计划的情况将会越来越少。未来的学校和现在的学校将截然不同。我们将不再局限于传统的学校形式，未来的教育模式将以"学习中心"的形式存在。

什么是学习中心呢？学习中心可以在任何地方、任何空间、任何时间提供学习机会。你想什么时候学习就什么时候学习，想怎么学习就怎么学习。这就是未来教育的发展方向。而且，学习中心不一定非要在某个固定的地点，它完全可以通过互联网和先进的技术手段实现。这种灵活的学习方式将彻底改变我们对传统教育的认知，让每个人都能够根据自己的节奏和需求学习。

优秀的老师曾是最稀缺的教育资源，因为好老师有限。随着互联网的发展，这一状况已经发生了巨大变化。现在，全世界很多优秀的老师的课程都可以通过网络获取，这意味着每个学校可能不再需要雇用那么多教师，从而可以大大节约成本，只需接上网线即可享受优质教育资源。

未来，许多大学之间可能会进行联通，实现学分互认，你在某个大学修的学分在另一所学校也能得到认可。因此，学习中心将成为未来教育的一个重要方向。

2. 教育发展的四个阶段及现代传统教育的弊端

接下来回顾教育发展的四个阶段。

第一阶段：前学校阶段。在这个阶段，教育主要通过原始部落的耳提面命的方式进行，由长辈对晚辈直接进行指导和传授。这种教育形式在早期人类社会中普遍存在。

第二阶段：学校阶段。学校的雏形可以追溯到公元前 3500 年的苏美尔人的泥版书屋以及公元前 2500 年的古埃及宫廷学校。在中国，类似的教育机构如父系氏族末期的"成均"，也可以看作学校教育的早期形式。

第三阶段：工业革命后的学校阶段。工业革命带来了教育的标准化和系统化，教育开始强调可复制性，统一的教材大纲、上课时间、教学内容和课程设置成为学校教育的核心。这一阶段的教育模式奠定了现代学校的基础。

第四阶段：未来的学习中心。我们正处在这个阶段的过渡期。未来的学校不再是传统意义上的学校，而是灵活多样的学习中心。这些学习中心能够打破传统教育的限制，让学习者在任何时间、任何地点都能获取所需的知识。这种模式正在逐步替代工业革命时期的教育模式，成为教育的新常态。

在中国，私塾是早期教育的主要形式，只有富裕家庭才能负担得起私塾教育。1905 年，随着科举制度的废除和新学堂的改革，私塾逐渐被现代学校取代，到了 1910 年，清政府颁布了《改良私塾章程》，私塾正式演变为近代小学。

我国的现代教育制度实际上并没有很长的历史。我们所熟知的 45 分钟课程时长以及固定的入学和毕业时间制度都是在 1910 年左右才开始逐步实施的。尽管在过去的百年间，这些制度帮助我国普及了教育，但它们并非完美的。

正如伊万·伊利奇在 1971 年出版的《去学校化社会》中所预见的那样，传统的学校教育已经开始显示出它的局限性。伊里奇呼吁取消传统学校的教育模式，主张通过网络和自我教育进行学习。他早已看到了传统教育模式中存在的问题：学校教育变得僵化、被动，无法满足未来社会的需求。

现阶段的教育制度存在一个根本性的问题，就是它试图用统一的标准衡量所有的学生。这种模式强调统一的入学时间、统一的上课时间、统一的大纲、统一的教材，甚至是统一的考试。教育系统以相同的标准评价年龄相同但个性和能力完全不同的学生，最终培养出的学生可能会缺乏创新思维。你怎么能期望被如此教育出来的年轻人推动社会的进步呢？

3. 互联网改变传统的学校教育模式

幸运的是，随着 21 世纪互联网的普及和教育方式的转变，我们成了第一批能够使用互联网进行学习的人。慕课开启了教育的新时代。2011 年，慕课首次推出时，就有来自 190 个国家的 16 万人注册了斯坦福的人工智能导论课程。我也正是在那个时候爱上了人工智能。

这样的教育变革是否可能引发一场真正的教育革命？答案当然是肯定的。今天，我们已经将许多优秀老师的课程放在了网上，让全球的人都可以学习。例如，在哔哩哔哩上，最火的课程竟然是高等数学，观看量高达 1.2 亿次。这就是慕课带来的影响力。

在慕课之后，又出现了"私播课"—— 一对一的个性化课程。现在我们常说的 VIP 课程，其实就是私播课的延伸。美国有统计数据显示，前几年，有 240 万名学生选择在家上学，而不是去学校接受传统教育。这种家庭教育的模式其实在国内早就出现了，比如郑渊洁的儿子六年级之后就不再去学校，而是由父亲亲自授课，每周一还举行升旗仪式。结果，这种非传统的教育方式并没有让他"学废"，他成功地创办了《皮皮鲁》杂志，成为讲堂的校长，如今还是一名导演，身兼数职。

这样的教育方式不仅让孩子避免了校园暴力，还能使他们通过各种社交活动接触到真正厉害的人脉，实现更好的社交。这种灵活的学习方式才是未来学校的方向。

未来的学校将不再局限于传统意义上的校园，而是会演变成一种灵活的学习中心。这种学习中心经过机构和政府的认证，能够互相承认学分，并且不受时间、空间或特定机构的限制。无论是在白天还是晚上，只要你想学习，就可以随时进行。

以美国的深泉学院为例，这所学校位于加利福尼亚和内华达两州交界处的死亡谷沙漠地带。它的校训是"劳动、学术、资质"，每年仅招收 13 名学生，学制为两年。虽然免收学费，但学生们必须参加劳动，例如在农场里喂牛、放牧和耕种，每天需要工作 3 ～ 4 小时，每周 20 个小时。深泉学院没有固定的教室或老师，它通过提供一种特定的环境，让学生在劳动中锻炼意志。毕业后，学生通常会转到哈佛、耶鲁等常春藤名校继续深造，因为他们在深泉学院的学习和劳动经历让他们具备了坚毅的品质和强大的学习能力。

未来的学习中心可能没有固定的教室，每个学生都有自己的课程表，可以自由选择学习的时间和内容。传统的班级和教室将被打破，学生可以根据自己的兴趣选择课程和老师。这种模式目前已经在一些学校试点，比如北京市十一学校的"走班制"，学生可以根据自己的兴趣和能力选择课程，摆脱了传统的班级限制。

学校的主要作用可能最终只集中在两个方面：首先是社会实践或实验，这类需要亲身参与的操作活动，需要学生到校完成。其次是社交，学校需要多组织活动提升学生的社交能力。通过这些方式，社交问题也能够得到很好的解决。

未来的网络学校没有统一的教材。在未来的教育体系中，依赖教材和辅助教材为主要学习手段的方式必将被淘汰。过去和现在，教育都以教材为中心，但未来，必须转向以知识和体验为中心。

未来的教材将更加多样化，允许学生和教师自由选择最适合他们的教材。只要学生能学到知识，就不必拘泥于某一套固定的教材。同时，未来的学习中心将不再受限于传统的时间限制，不设周末，没有寒暑假，没有固定的上学和放学时间，全天候开放。

实际上，按照现行的教育制度，我们的教育资源被大大浪费了。许多中小学和大学的校舍使用率极低，一年中有一半时间是空闲的。一个星期中，周六、周日不使用校舍，再加上各种假期、寒暑假，这使得教育资源闲置。而对于那些真正渴望学习的人，他们被迫在补习班度过休假时间，因为学校在假期不提供学习资源。

所以，可汗学院的创始人严厉地批评了寒暑假，称其为农耕社会的残留物，导致了大量社会资源和教育资源的闲置与浪费，也浪费了时间和金钱。寒暑假还有一个很大的问题——打破了知识的连贯性。我们都有这样的体会，一个学期学得很好，但放假返校后，发现许多知识已经被遗忘了。这就像骑自行车一样，蹬起来感觉很好，突然停下来，再次启动时就会感觉很累。

事实上，现在看来，安排统一的节假日有时是没有必要的。你觉得该休息时就去休息，想学习时就去学习。我们现在仍然用工业化的思维面对未来。未来的学习方式一定会更加自由，你可以在任何时候、任何年龄学习，只要你觉得自己在那个时间学习效率更高。

例如，2016 年，西雅图一所中学的一项研究报告显示，学生如果每天多睡 34 分钟，学习成绩会明显提高，缺勤率也会减少。强制早起上学并不总是合理的，这也说明未来的教育形式可能会更加灵活。

4. 混龄学习与个性化教育的崛起

未来的学校将不再按年龄分班，而是根据兴趣和能力组织学习。不同年龄的学生将在同一个课堂上学习，鼓励学生多样化和个性化的发展。传统的课本教育将被灵活、多样化的教材和教学方式取代。

我们可以设想未来的课堂可能会出现这样的情景：10 岁的孩子和70 岁的老人同在一间教室里学习。终身学习的理念将彻底改变传统教育，学习不再是年轻人的专利，而将成为人贯穿一生的活动。在这样的学习中心，不同年龄、种族、背景的人都可以在同一个课堂上相遇，共同学习。这种情况现在已经开始出现了，例如在一些在线课程或成人教育中，不同年龄的人一起学习并不罕见。

AI 时代到来，教师的角色会不会被替代呢？有些方面可能会被替代，比如知识的传授，但也有无法被替代的因素，那就是陪伴。教师在学生成长过程中扮演的陪伴角色是 AI 无法取代的。

学习中心的存在有两个重要的原因。

首先，它促使学习慢慢回归生活。约翰·杜威在他的《我的教育信条》一书中提出，所有的学习都应该与社会实际相结合，学校不应成为一个与社会脱节的封闭系统，而应当关注社会生活的实际需求。然而，传统学校往往无法做到这一点，这正是学习中心应运而生的原因之一。学习必须与生活密切相关，只有这样，学习才有实际意义。

其次，我们过去的教育以知识和教材为中心，而未来的教育将更加以学生为中心，也就是说，以个性化为核心。随着人工智能的进步，这种个性化、定制化的教育方式将会越来越普遍。例如，每个学生都有适合自己的学习节奏和喜欢的科目，未来的教育将以定制化的方式为学生提供最适合他们的学习路径。这种个性化的学习方式实际上会促进教育的平等，因为每个学生都能按照自己的需求和能力接受最适合自己的教育。

那么，未来的学习中心是什么样的呢？谁来教呢？这又是一个非常有趣的话题。在未来，教师的角色可能会被重新定义，甚至淡化。孔子曾经说过"有教无类"，作为历史上第一个创办私学的教育家，无论什么人他都教，也无论什么人他都能教。为什么？因为一个人懂得多，就可以教别人。所以，在未来的教育中，能者为师的理念将会更加强化。只要你在某个领域比别人强，并且能够清晰地表达自己的知识和见解，你就可以成为一名教师。

然而，现在的问题在于，我们往往把同龄人放在一起，由一个年长许多的老师教授学生，这种传统的教育模式可能不再适用于未来。在未来的教育环境中，年龄将不再是衡量谁能教、谁不能教的标准，相反，知识的广度和深度以及表达能力，将决定谁能够在这个领域中担任教师的角色。

现在的教育制度有两个明显的问题。

第一，它忽略了教师作为多样化教育资源的价值。一位老师不仅可以在特定领域教授学生，还可以跨学科授课，提供不同的视角和见解。同样，不同老师的教学风格和经验也能为学生提供更加全面的教育体验。如果只固定某个教师教授学生，那么学生将错失从多元化教学中获益的机会。

第二，它削弱了混龄学习的价值。混龄学习的优势在于，年长的学生能够通过分享经验和知识帮助年幼的同学，成为他们的榜样和导师。比如，年长的学生可能经历过创业的失败，了解生活中的酸甜苦辣，而这些经验正是年幼学生所缺乏的。同样，年幼的学生也能以他们的热情和活力激励年长的学生，使整个学习环境更加丰富多彩。

现行的教育制度通常按照年龄严格划分学生，忽略了这种跨年龄段学习的机会，导致学生只能从同龄人中获取有限的经验和知识。这种做法的弊端显而易见：年幼的学生失去了现实生活中的榜样和导师，他们可能会转而在虚拟世界中寻找偶像，如果这些偶像出现问题，那么学生的价值观和心理也可能会受到严重影响。因此，混龄学习不仅是教育的一部分，还是学生在成长过程中获取生活智慧和情感支持的关键。

在未来的教育模式中，混龄学习将成为主流，这种模式不仅能够让年轻人从年长者的经验中受益，也会为年长者提供领导和承担责任的机会，从而促进他们心智的成熟。

比如，2017年全国有超过800万60岁以上的老年人进入老年大学学习。有数据显示，2023 年 4 月底，全国老年大学的数量达 7.6 万所，有 2000 万名老年学生入学。虽然老年大学的数量在增加，但仍然供不应求。在杭州，有 16 个老人竞争一个入学名额。未来随着学习中心的普及，这一问题将不再存在。不同社区、不同城市的老年人可以通过学习中心在网上学习，彼此交流。天南海北的老人通过学习中心互相学习，不仅能打破地域限制，还能丰富他们的生活内容，实现真正的"活到老，学到老"。

在这种混龄学习环境中，老师和学生的身份也将不断变化。就像在老年大学中，许多老人白天是学生，晚上可能就成为老师。只要你懂得多，你就可以成为老师；如果你还在学习，那你就是学生。未来的教育将会彻底改变我们对传统学校和教育的固有认知，真正实现"能者为师，人人皆可为师"的理念。

所以，未来的教育不仅可以让不同年龄段的人一起学习，更将为每个学习者提供更加多样化和个性化的机会。学习中心不仅可以满足年轻人的需求，还能成为老年人丰富晚年生活的重要方式。**这种全新的教育模式将极大提升学生学习的灵活性和效果，最终促成更丰富、更有意义的学习体验。**这才是未来教育的趋势。

5. 学校不再局限于校园，将成为全球互联的教育平台

未来的教育将通过全球互联的学习平台实现，学生可以随时随地学习，不再受制于学校的物理空间。**教育资源将更加开放，学分互认将成为常态，真正实现全球化的教育共享。**

当我们不再以文凭为中心，而是以学生为中心，不再以知识为中心，而是以人为中心时，教育将发生根本性的变化。过去，我们的教育体系长期以来一直围绕知识和课本展开，但在 AI 时代，这些都变得不再重要。未来的教育只有转向以学生和人为核心，才能真正适应时代的需求。

下面介绍一个非常值得借鉴的学校——美国的瑟谷学校（Sudbury Valley School）。这个学校的教育理念完全颠覆了传统。学生无论年龄大小，只要进入这个学校，就需对自己负责，规划自己的未来，自己做出决定。学校为学生提供教室、工作室、图书馆设备以及各种公共资源。这些设施学生可以自由使用，学生完全根据自己的兴趣安排学习和活动。

在瑟谷学校，老师更像辅助者，他们不会主动干预学生的学习过程，而是随时准备提供帮助，只有在学生主动寻求帮助时才会介入。学校没有班长，没有学习委员，也没有班主任，所有的管理和规划都由学生自己完成。学生根据自己的兴趣点组成小组，自己管理，自己制订计划，并负责计划的实施。

瑟谷学校的教育模式充分体现了"以学生为中心"的理念。这种模式打破了传统的固定课程和以教师为主导的学习方式，鼓励学生根据自己的兴趣和需求自主学习。因为兴趣是多变的，学生今天可能对某件事物感兴趣，明天就会转移到其他领域。瑟谷学校对此完全开放，学生可以随时加入新的兴趣小组，或者离开已经不感兴趣的小组。如果某个兴趣小组没有人参与，那么直接解散就好。

在这种环境下，教师的角色也发生了变化。教师在学校中更像工具人，如果有一群学生对某位教师不满意并打了 0 分，那么这位教师就可能不再被续聘。学生决定着教师的去留，这种以学生为中心的评估机制也确保了教师必须真正为学生服务。

这种教育模式使得每个学生从早上醒来时就开始思考："到底什么对我重要，什么对我不重要？"他们将在不断的自我反思中找到自己的方向和目标。有研究者对该校建校 50 年来的毕业生进行了跟踪调查，结果显示，这些毕业生中有很多人在管理岗位上表现出色，管理能力远超其他学校的毕业生。瑟谷学校坚信，学习的能力——即"学力"，远比传统的"学历"重要得多。因为在不断变化的社会中，不能持续学习的人将会被淘汰。

在如今这个不断变化的世界，大学四年的学习内容往往在毕业后短短几个月甚至几年内就可能被耗尽，尤其是在 AI 等先进技术的迅速发展背景下，传统的知识积累似乎变得不再那么重要。然而，真正重要的是持续学习的能力，以及对自己负责的意识。

美国著名教育作家凯文·凯里在其著作《大学的终结：泛在大学与高等教育革命》中探讨了未来教育的变革，他描述了一个年轻企业家的创新：在他创立的公司里，员工可以通过一个名为 SEARCH 的工具上传学习证据，自动获得学习徽章。这些证据不仅会强化个人信息，还会与社交媒体平台关联，形成一个完整的学习轨迹。

这种模式的核心在于：未来的学习不再需要传统的考试和学历证明，学习的过程和成果将通过实时的、公开的证据记录在网络上，供任何人验证。这种方法不仅打破了传统教育的界限，还为个人的学习成果提供了一个全球化的平台。

最终，凯文·凯里提醒我们，在这个以信息技术为主导的时代，大学不仅是获取知识的地方，更是培养自我学习、适应和创新能力的场所。真正的教育革命已经悄然来临，而我们必须具备足够的灵活性和学习能力，才能在未来的世界中站稳脚跟。

3.3 英语和编程在未来还有用吗？

1. 编程的未来前景与 AI 对编程的影响

有一段时间我在网站视频中提到过编程的问题，我说孩子们可能不再需要学习编程了。结果，有不少教编程的老师对我表达了不满，还有很多家长也质疑我，说他们已经给孩子报了编程班，为什么我却说孩子们不需要学了。其实，他们误解了我的意思。我并不是说编程完全不需要学，而是说大家如果学过编程，尤其是前端编程，就会知道这是一项非常枯燥乏味的工作。然而，如果你用过 Claude 3.5 这样的 AI 工具，就会发现，真的没有必要再去学编程了，因为借助此工具，不仅前端代码可以生成，后端代码也能搞定，甚至连网站和 UI 设计都能一并完成。

我本科学的是信息工程，在大二的时候，要求必须通过计算机二级考试。为了这场考试，我刷了无数题，一遍又一遍地做，最终顺利通过考试。计算机二级通过后，三级的难度相对较小，之后考四级网络工程师时也变得更加轻松。越往后学习，你会发现，编程的重心逐渐从机械重复转向创新的运用。很多学科的前端注重重复性内容，但随着 AI 技术的发展，这些内容已经不再需要人工去学习和操作了。

事实上，未来的确可能不再需要大量的人去学习编程，但编程技能依然是未来职场的一项核心竞争力。即便你不懂编程也没关系，AI 可以帮你解决最基础的部分。你不需要一行一行手写代码，AI 可以帮你完成大部分的编程工作。马斯克推出的 Grok 2.0，编程速度就极快。

跟编程相关的岗位需求或许不会再像过去那样大幅增加，但与其相关的行业薪资水平在未来肯定会越来越高。这意味着，虽然编程技能的重要性在某些方面可能有所减弱，但对那些能够运用 AI 和编程技能的人来说，未来的职业发展空间依然广阔，且更加具有竞争力。不过，如果你只会编程，那么必然是死路一条，因为未来的世界需要的更多是综合性人才。

未来，编程肯定不会再有那么大的用处。在人工智能的时代，你真正需要学习的是人的语言，而不是 C 语言，只要你对编程有基本的了解就足够了。

2. 学习英语的重要性

有些人说，人工智能时代来了，还学什么英语？我认为学好英语是迎接未来的重要准备，而不仅是学会一种工具或语言。

我看到一篇报道，说 ChatGPT 的中文语料库占比不到 0.09%，而英文语料库则占到了 92.64%。这个差距会越来越大，因为几乎所有与科技相关的重要信息现在都用英文表达。这意味着，在庞大的 ChatGPT 语料库中，汉语的素材只占不到 1%。换句话说，英语仍然占据主导地位，尤其是在美国、英国、加拿大、澳大利亚和新西兰等以英语为母语的国家。AI 在不断被使用的过程中，技术在疯狂地进化，语言的语料库也在进化。

当然，有人会说，现在翻译软件这么发达，为什么不直接用翻译软件呢？还是那句话，翻译软件可以翻译语言，却无法翻译文化。例如，我们的文化中有很多深刻的内容无法直接翻译。你去成都，看到"鱼香肉丝""老婆饼""蚂蚁上树"，这些名字如果直接翻译成英文，就会显得非常奇怪。我见过有英文专家把"童子鸡"翻译成"spring chicken"，外国人非常困惑。再深入一点说，像"感时花溅泪，恨别鸟惊心"这样有深刻的文化意境的诗句，怎么去翻译呢？

各位可以去读读莎士比亚的诗，你会发现它们同样难以翻译。为什么？因为很多单词在英语中有着复杂的含义。比如"bittersweet"，字面上"bitter"是苦，"sweet"是甜，但"bittersweet"却是一种复杂的情感，既有苦涩又有甜蜜。用哪个中文词翻译这个词呢？很难找到一个恰当的对等的词。再比如，英语里也很难找到一个词准确表达"悟道"的意思。悟道是佛教的概念，来源于中国或印度文化。你可以把它翻译成"understand"，但这远远不够。一个人"悟了"和一个人"懂了"之间有很大的差别，这种差别中间隔着语言和文化的鸿沟，难以用简单的翻译来弥合。

太多的文化思考和意境是无法直接翻译的，这也是为什么你一定要学会英语，用英文去思考。掌握英语，你的世界会变得更加广阔。因此，我非常想告诉大家，学好英语多么重要。读完这本关于 AI 的书之后，如果你觉得英语还需要提高，那就去继续深造。

再举个例子，大家可以去体验一下 Midjourney，一款 AI 绘画工具，里面的提示词（prompt）基本都是英文。用中文输入效果往往大打折扣，为什么？首先，因为很多单词无法准确翻译；其次，因为中文的语料库太少，存在信息差。比如，北京人打招呼时常说"你吃了吗？"如果把这句话直接翻译成英文"Did you eat?"，表面上看是对等的翻译，但实际上存在信息差。在北京的大街上，当你问一个人"你吃了吗？"你并不是真的问他是否吃饭了，而是一种打招呼的方式。但如果你问一个美国人"Did you eat?"，他肯定会直接回答吃了或没吃，甚至直接邀请你一起吃饭。

在文学领域，有一种学科叫作比较文学，它专门研究这种信息差的问题，即两种语言之间的文化和语境差异。随着时间的推移，这种信息差可能会越来越大。如果未来的很多信息都以英文表达和传播，那我们应该怎么办呢？

我发现，在国外，只有在不得不用中文的场合下，人们才会选择使用中文，甚至连我们引以为豪的中餐，在国外也大多用英文翻译，比如"杂碎"被翻译成"Chopsuey"。但"Chopsuey"在国外的意思，其实就是一种杂碎炒面，与中文里的"杂碎"概念已经不完全相同了。

所以，我想继续强调一点：关于编程，你理解程序代码的基本意思即可，但对英文你可能真的需要花时间去学。

◉ **本章推荐书单**

【1】书名：《未来学校：重新定义教育》

作者：朱永新

出版社：中信出版集团

出版时间：2019 年 6 月

【2】书名：《去学校化社会》

作者：［美］伊万·伊利奇

出版社：中国轻工业出版社

出版时间：2017 年 9 月

【3】书名：《我的教育信条——杜威论教育》

作者：［美］约翰·杜威

出版社：上海人民出版社

出版时间：2013 年 5 月

【4】书名：《大学的终结：泛在大学与高等教育革命》

作者：［美］凯文·凯里

出版社：人民邮电出版社

出版时间：2017 年 2 月

第七章

AI，行业格局的重塑者

AI 技术正快速改变着各行各业的格局。从机械化的重复性劳动到高技术领域，AI 的影响不可忽视。在本章，我们将探讨 AI 如何在未来逐步替代某些职业，哪些工作是 AI 无法替代的，以及 AI 在不同行业中的颠覆性作用。

4.1　AI 会替代哪些工作?

1. 重复性劳动的风险

AI 的核心竞争力在于处理重复性任务，这对机械式劳动形成了巨大冲击。行政助理、数据输入、合同审核等工作不再依赖人类完成，AI 可以提供更加高效和准确的解决方案。

未来 AI 可能会替代哪些工作? 总结起来其实就一句话: 凡是重复性的工作，都有可能被替代。换句话说，过去那种机械式的、单调重复的工作会被替代，现在只要涉及重复性的任务，都可能被 AI 替代。所以，我特意把这个问题抛给了 ChatGPT。它的回答是: 低技能的重复性劳动将首当其冲。这种描述听起来有些冷酷，但也反映了一个现实: 未来，那些没有创新性、没有变化的工作，终将被 AI 取代。

比如，行政助理、数据输入、法律文书撰写、合同审核等岗位，还有简单的文本翻译或同声传译，这些领域都面临着被 AI 技术取代的风险。这些工作每天的任务大同小异，所需的技能很少涉及创造性或复杂的判断，因此最容易被 AI 替代。

2. 哪些工作首当其冲要被替代

除了上面提到的那些工作，还有许多岗位可能在未来被 AI 技术取代。以下一些具有高度重复性、规则明确或以数据为主的工作类别，可能会在不久的将来被 AI 替代。

（1）制造业的流水线工作。机械手臂和自动化技术在制造业中越来越普及，能够精准、高效地完成大部分流水线工作。随着技术的进步，这些工作将逐渐被机器人替代。

（2）客户服务工作。AI 驱动的聊天机器人和语音识别技术正在迅速进步，能够处理常见的客户查询和问题，替代大量人工客服工作，尤其是在处理重复性和标准化的客户需求时。

（3）会计与簿记工作。基础的会计和簿记工作，例如数据录入、账目对账和报税等，都可以通过 AI 和自动化软件高效完成。这种技术可以减少人为错误，提高准确性。

（4）零售收银工作。自助结账系统和移动支付技术的广泛应用，正在逐步减少对传统收银员的需求。未来，购物体验将更加自动化，可能完全摆脱人工收银。

（5）基本医疗诊断。AI 可以分析医疗数据、扫描结果，并提出基本诊断建议。这虽然不会完全取代医生的工作，但会减少对初级医疗工作者的依赖，尤其是在远程医疗和基本检查方面。

（6）运输与物流行业。随着自动驾驶技术的进步，卡车司机、快递员等岗位也面临被替代的风险。自动驾驶车辆和无人机配送可能会改变整个物流和运输行业的格局。

（7）股票交易工作。高频交易算法已经在金融市场占据了重要位置。它们能够在极短的时间内进行大量交易，超越了人类交易员的反应速度和分析能力。

（8）简单的新闻撰稿和数据报告。AI 已经可以生成简单的新闻报道、体育赛事总结和财报分析等内容。虽然复杂的分析和创意写作仍然需要人类的智慧，但基础的内容生成已经被 AI 部分取代。

这些工作岗位之所以容易被替代，是因为它们的任务通常是高度结构化、可预测且不需要太多的创造性或情感理解的。AI 在这些领域的应用不仅能提高效率，还能降低成本，对于企业来说具有明显的吸引力。因此，在未来的职业发展中，具备创造力、复杂决策能力和人际交往技能的人才将更具竞争力。

3. AI 的高级功能挑战更多岗位

随着 ChatGPT-4o 的发布，我们能够更加清晰地看到哪些行业和岗位容易被复制和替代。这个新版本之所以被命名为 GPT-4o，正是因为这个"o"象征着 ChatGPT 在人性化表达方面的进一步进化使其更像人类。发布会上已经展示了它的声音互动功能，不仅如此，它还能捕捉情感，带来了电影《她》（Her）中描绘的与 AI 互动的未来图景。这种全新的 AI 功能正改变着我们对许多职业的认知，特别是那些重复性强、对技能的要求低的岗位。未来，任何能够被标准化和重复的工作，都会面临被 AI 取代的风险。

ChatGPT-4o 的出现注定会引发许多行业的颠覆性变化。

（1）它的语音反应速度大幅提升，这意味着它不仅能成为文字秘书，还可以成为全能的语音秘书。以秘书助理职位为例，随着这些 AI 技术的进步，传统的秘书助理职位可能会逐渐减少。AI 助理可以 24 小时不间断工作，无须休息，这一点对于那些需要随时随地获取信息和帮助的专业人士来说，无疑是一个巨大的优势。

ChatGPT-4o 不仅具备声音互动的能力，还配备了"视觉"，这对家教行业来说是一个重大挑战。以往学生可能需要输入问题以获取答案，而现在，AI 只需通过摄像头识别题目，就能立即提供解题思路和详细步骤。比如，可汗学院的院长曾利用 ChatGPT 帮助孩子解答数学问题，这种应用展示了 AI 在教育领域的潜力。如果家教行业仍然依赖于传统的方式，仅让孩子照本宣科地做题，未来很可能会走向衰退。口语代练或一对一的辅导会受限于家教的时间安排、状态和适配性。然而，

ChatGPT 可以全天候为学生提供帮助，它不仅能够因材施教，还可以保持情绪稳定，帮助孩子解决学习中的问题。孩子只需要一个手机，所有问题就能迎刃而解。

（2）有些人认为机器缺乏感情，但 ChatGPT 现在已经可以通过各种语调与人交流。在 OpenAI 的发布会上，团队展示了 ChatGPT 如何模仿人类的声音讲睡前故事。ChatGPT 甚至能够用夸张的声音和唱歌的方式为孩子们讲述故事。ChatGPT 这一功能的出现可能会对一些以故事为核心业务的公司，如凯叔讲故事、睡前故事集等造成冲击。文学评论家甚至表示，可瞬间回应、灵敏互动、情感挖掘的 AI，与文学有诸多相似之处。

（3）ChatGPT-4o 还能理解图片、数据和代码，这对于编程行业来说，无疑是一个巨大的冲击。现在 ChatGPT 可以通过图片理解编程逻辑，只需要一张图片就能识别出程序中的 bug，并提供解决方案。更重要的是，ChatGPT-4o 还提供了免费的使用名额，让更多人体验到这一革命性的工具。当然，我还是建议你养成付费的习惯。再次强调，未来的重点不在于学习计算机语言，而是要专注于掌握人类的语言。

（4）现在 AI 技术已经能够识别和解读表情。小时候，我非常羡慕那些能够读懂微表情的人，还买了不少相关的书籍。虽然至今我仍觉得解读微表情是一件困难的事，但随着 AI 的发展，未来这种技能将变得极其简单。如今，AI 不仅可以识别微笑或沮丧的表情，还能够通过这些表情分析出背后的情感。例如，它可以从萨姆·奥尔特曼的照片中看出他微笑背后隐藏着疲惫。AI 已经逐渐逼近人类在情感识别上的能力。

（5）尤其令人担忧的是同声传译行业。在我上大学时，同声传译一次能赚 8000～10000 元。然而，现在翻译行业正面临巨大危机。在 ChatGPT 的发布会上，两个人在台上分别用意大利语和英语对话，而

ChatGPT 实现了实时的同声传译。这个功能的出现，对国内的实时翻译软件和同声传译者来说，都是巨大的冲击。当时，科大讯飞的股票也因此下跌。随着 ChatGPT 版本的升级，实时翻译的精度和速度大幅提高，这意味着你可能不再需要购买昂贵的翻译设备或会员服务，只需要一个 ChatGPT 就足够了。

4. 未来职业的机会

虽然 AI 将取代大量岗位，但也会带来新的职业机会。北美的新兴职业 AI 提示工程师（AI prompt engineer）就是一个例子，其专注于优化和创建人工智能模型的提示词，以便更好地输出文本、代码和图像内容。因此，你不必担心未来的工作机会消失，而应关注新技术的发展。

最后一个建议是要积极拥抱时代的变化，多关注高科技的发展。虽然你不一定需要成为高科技的专家，但一定要学会利用这些技术。如何应用它们？还是那句话，拥抱最新的科技，阅读最新的文献，跟随时代的脚步。

4.2　哪些工作是 AI 替代不了的?

1. 创造性的工作无法被替代

无论是艺术家、设计师，还是作家，都拥有创造力，而创造力是人类独有的财富。AI 擅长重复和模仿，但从无到有的原创性创作依然需要人类的想象力与灵感。

（1）作家。比如日本作家村上春树，他的作品充满了独特的想象力和深刻的情感，这种创作过程依赖于个人的生活经验、情感体悟和文化背景，是 AI 难以复制的。

（2）艺术家。如抽象表现主义画家杰克逊·波洛克，他的绘画作品具有强烈的个性化风格和情感表达，这种创造性是 AI 无法完全模仿的。

（3）设计师。著名建筑师扎哈·哈迪德的作品以流畅的曲线和未来感十足的设计著称，这种建筑设计的创造力和独特性是 AI 难以替代的。

2. 情感劳动不可替代

心理咨询师、护理人员、教育工作者的职业依赖于情感交流与陪伴，这类职业要求高情商和高度的同理心，是 AI 无法完全复制的。

（1）心理咨询师。一位优秀的心理咨询师不仅需要丰富的专业知识，更需要同理心和情感共鸣，比如知名心理学家卡尔·罗杰斯的"来访者中心疗法"，其需要人类情感的细致理解和反馈，是 AI 无法替代的。

（2）护理人员。临终护理中，护士不仅提供医疗支持，还需要给予病人及其家属情感上的安慰和支持，如美国的临终护理护士。这种工作依赖于人类的情感关怀。

（3）教育工作者。芬兰的基础教育体系强调个性化教学和教师与学生的互动关系，教师在课堂上提供的不仅是知识，还有激励、引导和陪伴，这些都是 AI 难以替代的。

3. 复杂决策能力不可替代

战略规划和决策等高级管理职位无法被 AI 轻易替代。AI 可以提供数据和分析，但最终的决策仍然需要人类的经验与智慧，特别是在不确定性极高的复杂环境中。

（1）企业家。如苹果公司的创始人史蒂夫·乔布斯，他以独到的眼光和创新战略将苹果打造成全球科技巨头。这种战略思维和远见是 AI

难以替代的。

（2）高级管理人员。在跨国公司的高级管理人员中，如微软的现任CEO 萨蒂亚·纳德拉，他的战略决策和领导能力帮助微软实现了云计算的战略转型，这种复杂的决策过程需要丰富的经验和洞察力。

（3）政策制定者。如世界卫生组织的政策制定者，他们在全球卫生政策的制定中，必须综合考虑各国的文化、经济和社会因素，做出复杂的决策，这种工作目前仍然需要人类的智慧和经验。

4.学生应对未来的技能的培养

为应对 AI 时代，学生需要培养创造性思维、复杂问题解决能力，掌握跨学科知识。这些能力不仅能帮助他们在未来社会中立足，还能使他们应对 AI 无法处理的复杂性和未知性工作。

所以，未来学生需要具备什么能力才不会被 AI 替代？我总结了以下五条。

（1）创造性思维与创新能力。学生必须具备从无到有的创造力。这种能力不仅在艺术、设计、写作等领域中重要，在科技、工程、商业等领域也同样关键。AI 擅长处理已有的信息和模式，但在人类独有的创造性表达和创新领域仍然有所不足。所以，从 0 到 1 的思考非常重要。

（2）复杂问题解决与批判性思维。学生需要具备分析和解决复杂问题的能力，特别是在不确定性和多变量环境下的决策能力。批判性思维能够让他们挑战现状，提出新的观点和解决方案，这在需要战略规划和复杂决策的职业中尤其重要。在这个许多人遇到复杂问题就害怕的时代，不害怕复杂问题的人会有更多机会。

（3）情商与人际交往能力。AI 在处理情感和复杂的人际关系方面仍存在很大局限。学生应培养高情商，能够理解他人的情感需求，并在互动中展示出同理心和社交能力。这些能力在诸如心理咨询、护理、教育等领域中至关重要。

（4）跨学科学习与终身学习能力。未来的工作环境将越来越需要跨学科的学习和技能。学生需要在多个学科中寻找联系，并不断学习新技术和新知识，以保持与时代同步。这包括掌握基础的技术能力，如编程和数据分析，同时需保持对新兴技术的敏感性。

（5）道德判断与价值观。在 AI 越来越强大的时代，人类需要在技术应用中保留对道德和伦理的判断能力。学生需要学习伦理学和人文学科，以确保他们在使用技术时能够维护人类的核心价值观。

这些能力不仅能让学生在 AI 时代具备竞争力，还能使学生在未来技术的发展和应用中扮演关键角色。通过培养这些能力，学生能够在 AI 无法触及的领域中发挥他们的独特价值。希望你和你的孩子都是这艘大船上的船员。

4.3　如何面对 AI 的颠覆？

1. 主动适应变化，而不是被动等待命运的安排

AI 的应用不仅带来了行业效率的提升，也在颠覆多个传统行业。制造、金融、医疗、教育、零售和物流等行业正面临着 AI 带来的深刻变革。

我想探讨一个许多人都担心的话题，即 AI 会对哪些行业产生颠覆性的影响。我希望你能记住四个字：居安思危。这个世界上没有一份工作是绝对稳定的，我们必须时刻保持迭代和更新的状态。

我常常思考：人究竟何时算老了？老，不仅体现在身体上的衰老，还表现为精神上的停滞不前。当你认为一切理所当然，不再追求进步

时，这就是老了的表现。

在 34 岁那年，我决定留学加拿大，选择了一个叫白石的小镇，而不是华人较多的列治文或本拿比。我在多伦多读过书，却选择在温哥华生活，原因很简单：温哥华的地理位置极为优越。尤其是白石镇，开车20 分钟就能到达美国，2 小时内可以到西雅图，飞往洛杉矶也不到 2 小时。而且从这里飞回中国也只需 8 小时，非常便利。

我选择这个地点并不是随意的，而是为了方便在世界各地穿梭，保持一种随时能够接触和适应新环境、新变化的状态。这种选择不仅是为了出行便利，更是为了精神的持续更新，避免在快速变化的世界被淘汰。这正是我想强调的：在 AI 时代，我们更需要主动适应变化，而不是被动等待命运的安排。

选择安置在这里，是因为我认为，只有在这样一个地理位置优越的地方，才能汇集各种信息到我的身上，让我随时做好应对变化的准备。人类有一种习惯，特别是我们亚洲人，喜欢在某一个行业或城市深深扎根，一旦扎下去，就不愿意再改变。这可能与亚洲文化或平原文化有着深厚的渊源。我们常常看到一些在体制内工作的人，一干就是 20 年，认为自己的工作是铁饭碗，自己永远不用担心失业。然而，事实证明，时代总是变化无常。

早年的工人下岗潮、失业潮，几乎没有人能够幸免。电视剧《漫长的季节》中，范伟饰演的那个角色，在意识到自己快要下岗时，第一反应不是拥抱时代的变化，而是试图通过找关系保住自己或儿子的工作。这种思维方式正是许多人面对变革时的惯性反应，他们宁愿抓住过去的旧有秩序，也不愿面对变动中的时代。

然而，这样的思维最终会使人无法适应时代的变化，反而更容易被时代抛弃。我们必须学会接受变动，主动拥抱变化，而不是试图以旧的方式维持现状。只有这样，才能在快速变化的世界中立于不败之地。

每一个变动的时代都会不断地引发产业浪潮。2024 年 5 月，武汉率先启动了无人驾驶网约车服务，而在深圳，无人机送外卖的模式也已经开始实施。这些技术一旦投入使用，便标志着一个新时代的到来。这些变革的核心原因在于马太效应的加剧。人工智能首先替代的往往是底层的工作，这些岗位对于企业和社会来说，管理难度大且数量庞大。尽管这些岗位的收入低微，但它们仍然在分割资源，且成本和管理负担较大。因此，采用无人技术成了一种更加高效的选择。

这种趋势导致了底层工作机会的消失，马太效应在社会中日益显著：富者愈富，穷者愈穷。那些已经拥有资源的人将获得更多，而那些没有资源的人，仅有的资源也可能被剥夺。面对这种不可逆转的时代变革，我们不能仅仅抱怨或指责，而应该迅速拥抱新的时代潮流。

我在加拿大认识的周大姐的经历就是一个极好的例子。当年，她在东北面临裁员的危机，与范伟饰演的角色不同，她没有试图通过关系挽留职位，而是果断选择了主动出击，成为第一批南下深圳的人。当时的深圳还很荒凉，但她抓住了机遇，自学电子工程，最终在深圳站稳了脚跟，成为一家企业的小老板。如今，她的资产已经突破了亿万级别。她在变动的时代中抓住了机会，主动改变了自己的人生轨迹。

当时代的浪潮袭来，你必须想办法改变自己。在英国，有一个曾经很重要的职业，叫点灯人，这个职业在童话《小王子》中被提到过，英文名为 Lamplighters。点灯人在工业革命时期非常重要，因为在那个时候，人们需要在夜间继续工作，所以点灯人负责在晚上点亮街道上的路灯，从而延长工作时间。当时，这是一份非常体面的工作。

然而，随着工业的发展，电灯的普及让点灯人的职业迅速消失。点灯人大规模失业，他们不理解为什么自己的工作岗位突然消失了。这种失业给无数家庭带来了巨大的恐慌，他们聚集在街头，甚至走到伦敦的国会门前，要求政府禁止使用电灯。

这与后来美国街头的马车司机的经历十分相似。当汽车逐渐取代马车成为主要的交通工具时，马车夫也曾抗议，要求禁止汽车上路。再看看我们国内的情况，摩的司机、三轮车司机就需要面对共享单车对自己职业的冲击。这也反映了一个真相：时代的浪潮不允许人开倒车。

无论是点灯人、马车夫，还是今天面对人工智能技术的工人，都面临着同样的挑战——时代的变化无法阻止。与其试图对抗，不如顺应潮流，主动适应新环境。如何适应？很简单，那就是不断前行，不要回头，拥抱这个不断变化的时代。

点灯人这个职业很快被时代淘汰了。曾经成群结队的点灯人最终的命运如何呢？很简单，他们中的许多人进入了工厂，继续从事与光明有关的工作，转型为制作钨丝或灯泡的工人。他们换了身份，但依然在为光明服务。

伦敦现在依然有点灯人存在，但他们已经不再从事点灯的工作，而是成为一道独特的风景线。游客喜欢与他们合影，纪念这个曾经如此重要的职业。点灯人现在象征着一个时代的结束和另一个时代的开始。

我一直在强调，许多行业在经历颠覆和消亡的过程中，不应该再去死守它们。因为作为个体，在时代洪流中，保持平衡是非常艰难的。就像我自己，我非常清楚教培行业在国内已经不复存在了，因此我不会再试图在这个领域坚守。既然行业已经消亡，继续固守只会阻碍前进的步伐。转型和适应新环境才是应对时代变革的明智之举。

如果你发现你的行业已经开始被 AI 替代，那么最好的应对方式就是拥抱 AI，探索如何将 AI 引入你的行业，赋予它新的可能性，使其转变成一个全新的领域。这不仅是为了适应当前的变化，也是为了在未来的职业生涯中找到新的出路。通过利用 AI 技术，你可以重新定义你的职业，找到新的工作方式，甚至可以选择在不同的城市或国家重新开始，迎接时代所带来的变化。

我曾经与一位在北京工作的朋友讨论过这个问题，他在大城市感到迷茫和压抑却不知道该如何应对。我给他的建议是移动——不仅是物理上的移动，搬到一个新的地方，还包括心理上的移动。换一个环境，换一个方向，甚至换一群人相处，都会带来全新的视角和机会。人是在变化中找到生机的，而 AI 时代的到来，更需要我们灵活应对，不断寻找新的发展路径。

2. AI 对部分行业的影响

1）房地产行业的发展新方向

是否可以把传统的房地产行业和 AI 链接？以下是 AI 给的答案。

要将传统房地产行业与 AI 技术结合，可以考虑以下几个方面。

AI 可以应用于房地产的日常管理中，通过智能设备和传感器收集房屋的运行数据，如能源消耗、设备状况等，帮助业主或物业管理公司进行更有效的维护和管理。AI 系统可以预测设备故障，自动调节温度和照明，从而减少能源消耗和维护成本。

（1）精准市场分析。AI 可以通过分析大量的市场数据，包括历史销售数据、当前市场趋势、经济指标等，为房地产公司提供精准的市场预测和分析。这些数据分析可以帮助开发商决定最佳的开发时机、价格策略和目标市场。

（2）虚拟现实与增强现实。利用 AI 结合虚拟现实（VR）和增强现实（AR）技术，客户可以在购买房产前进行沉浸式的虚拟看房体验，了解不同房屋布局、装饰效果。这不仅提高了客户的参与度，还减少了客户实地看房的时间和成本。

（3）个性化客户体验。通过 AI 驱动的聊天机器人和推荐算法，房地产公司可以为客户提供个性化的购房建议。AI 系统可以根据客户的浏览历史、偏好和需求，推荐合适的房产，并在购房过程中提供 24 小时在线咨询服务。

（4）自动化交易流程。AI 可以优化和简化房地产交易流程，通过智能合同、自动化文档处理和在线支付平台减少人工介入，提升交易效率并降低交易成本。

（5）智能投资分析。AI 可以帮助房地产投资者分析投资组合，预测未来的房产价值，识别市场中的潜在机会和风险。通过机器学习算法，AI 可以评估不同因素对房产价值的影响，帮助投资者做出更明智的决策。

通过这些方式，传统的房地产行业可以与 AI 技术结合，提升行业效率，创造新的商业模式，并为客户提供更好的服务体验。这不仅可以帮助房地产行业在市场变化中保持竞争力，还能推动整个行业向更智能化、数字化的方向发展。

2）制造业的深刻变革

AI 正在改变制造业的运作模式。智能化生产线和自动化技术不仅提高了生产效率，还减少了对人工的依赖。引入 AI 智能自动化生产线后，工厂的生产效率大幅提高，未来可能不再需要大量的工人。许多现代工厂已经开始逐步减少对人力的依赖，取而代之的是智能机器人和预测性维护技术。未来，许多制造业岗位将由机器人接管。

例如，西门子和通用电气已经在智能制造领域展现了工业 4.0 的强大潜力。它们通过引入智能设备和数据分析技术实时监控生产过程，不但优化生产效率，并且大幅减少停机时间。西门子的数字化工厂不仅提高了生产效率，还减少了资源浪费，并实现了高度的生产灵活性。

这种变化意味着传统制造业将越来越少依赖于人工操作，转而依靠高度自动化和智能化的系统。工厂的运作模式将变得更加依赖于数据和智能分析，而工人的角色可能会转向更高层次的管理和监控工作。总体而言，AI 的发展正在彻底重塑制造业的面貌，使其更加高效、灵活，并且具有更强的竞争力。

3）金融行业的自动化革命

在金融领域，AI 算法和智能投顾正在改变市场交易和投资的方式。高频交易和自动化投资策略的应用，使得传统的金融分析师和交易员逐渐失去了竞争优势。

金融行业无疑是另一个将受到 AI 技术深远影响的领域。AI 已经广泛应用于金融行业的各个环节，从高频交易的算法到智能投顾平台，正在彻底改变传统的金融操作模式。那些只是在金融链条中扮演简单角色、缺乏核心竞争力的"金融民工"们，将面临被替代的风险。

AI 在金融中的应用已经非常成熟，如 Betterment 和 Wealthfront 等智能投顾平台，它们通过复杂的算法分析市场数据，并执行交易，以提高投资回报率，同时降低风险。这些平台利用 AI 技术为用户提供个性化的投资建议，并且会比传统的人工理财顾问更迅速、更精确地做出决策。这种技术的优势在于其处理数据的速度和精度，使得金融市场的参与者能够更好地应对市场的波动性，并获得更高的收益。

随着 AI 技术的不断进步，未来的金融行业将更加依赖于数据分析和算法决策，这将进一步压缩传统金融从业者的生存空间。那些无法适应这一趋势仅依靠传统技能的金融从业者，可能会发现自己在这个日益自动化的行业中处于被动地位。

4）医疗行业的变革

AI 在医疗诊断和个性化治疗中的应用极大地提高了医疗效率。AI 通过分析海量的医学数据，可以帮助医生做出更准确的诊断和治疗决策，从而减少人为错误。

医疗保健领域也是 AI 技术应用的重要领域，并将对行业产生深远的影响。随着 AI 在疾病诊断和个性化治疗方面的应用，医疗服务的质量显著提高，患者将不再需要依赖口耳相传的建议决定他们的治疗方式。

比如，IBM 研发的 Watson for Oncology 就是一个典型的例子。它能够分析海量的医学文献、临床试验数据和患者记录，为每个癌症患者提供个性化的治疗方案。每个方案都是根据患者的具体病情、基因信息和最新的医学研究成果制定的，这种精准的治疗方式不仅能够提高治疗效果，还能有效降低医疗成本。

随着 AI 技术在医疗保健领域的进一步应用，传统的医疗模式将发生巨大的变化。医生和患者可以依赖 AI 提供的科学依据和个性化建议做出更精准的医疗决策。这不仅会提高诊断的准确性，还能优化治疗流程，减少医疗资源的浪费，并为更多患者提供更高效的医疗服务。

未来，AI 有望成为医生的重要助手，帮助他们更快速地做出诊断，并制订个性化的治疗计划。然而，这也意味着那些过于依赖传统经验和方法的医护人员可能会发现自己的技能在 AI 时代面临新的挑战。

5）教育和零售的 AI 革新

AI 在教育和零售行业中的应用带来了个性化学习体验和精准的市

场分析。教育行业将变得更加灵活、普及，而零售行业通过个性化推荐技术提升了用户体验。

（1）教育领域的变革几乎是不可避免的。随着 AI 技术的进步，传统教育模式将面临重大挑战和颠覆。AI 不仅能够提供个性化的学习体验，还能够优化教学内容，提供实时反馈，甚至在一定程度上替代传统的教师角色。这将彻底改变我们对于教育的理解和实践。

目前，在线学习平台、智能辅导工具以及基于 AI 的学习分析系统正在快速发展，并逐渐成为教育的主流趋势。例如，AI 可以根据每个学生的学习进度和理解能力，动态调整教学内容，确保每个学生都能在最适合他们的节奏下学习。此外，AI 还能够通过数据分析识别学生在学习过程中遇到的困难，从而为教师提供更加精确的指导意见。

这种变革不仅会影响课堂教学，甚至使考试和评估方式也在逐渐发生变化。通过 AI 技术，评估可以变得更加智能化，能够实时检测学生的学习状态，甚至预测他们的考试表现。这意味着，未来的教育将更加注重个性化和精细化，而不再是"一刀切"的模式。

总之，教育领域的变革已经开始，并将在未来几年内加速发展。AI 的引入不仅会提高教学效率，还将使教育更加公平和普及。但与此同时，这也意味着那些坚持传统教育方式的机构和个人可能会面临被淘汰的风险。

（2）零售和物流行业正在经历前所未有的变革，而 AI 技术正是这些变化的核心驱动力之一。在过去，广告的传播方式是统一的，所有人看到的广告几乎都是相同的，如恒源祥的经典广告"羊羊羊"。然而，随着 AI 技术的发展，个性化推荐成为新的趋势。如今，各大电商平台能够通过分析用户的浏览历史、购买行为等数据，为每个人定制化推荐他们可能喜欢的商品。这种点对点的精准推荐大大提高了转化率，使得购物体验更加个性化和高效。

阿里巴巴在这方面的表现尤为突出，其个性化推荐系统已经成功提升了用户的购物体验和广告投放的效果，使得每个用户都能看到最符合自己需求的商品推荐。这不仅增加了用户购买的可能性，也提高了其满意度。全球许多电商平台，包括亚马逊，虽然已经在学习阿里巴巴的这种策略，但仍未完全达到同样的效果。

此外，物流行业也在 AI 的推动下发生了显著的变化。智能物流正在崛起，通过 AI 的优化，物流系统能够更高效地进行库存管理、运输调度和配送路线规划。这不仅减少了运输成本，还缩短了交货时间，提升了整体物流效率。未来，随着无人机配送、自动驾驶货车等技术的成熟，物流行业将会进一步向智能化和自动化发展。

总的来说，AI 正在重新定义零售和物流行业的规则，使其更加智能、高效和以用户为中心。这种变革不仅提高了运营效率，还为消费者带来了更加个性化的服务体验。

另外，像我们熟悉的虚拟课堂、出版行业、影视行业，这些领域也将迎来 AI 带来的巨大变革。这些变革的逻辑是什么？让我们拭目以待。

最后，我回想起商学院的一位教授说过的一句话："当任何一个行业发生结构性变革或被颠覆的时候，财富的机会就出现了。"未来已来，我送给大家一句话："所有擅长使用工具的人，都是时代的领先者。"

4.4 AI 时代的道德考量

1. AI 与版权侵权问题

2023 年，著名的图片库公司 Getty Images 起诉了 AI 公司 Stability AI，指控其在未经授权的情况下使用了受版权保护的图片用来训练其

AI 模型。Stability AI 开发的人工智能工具能够生成图像，这些图像的基础数据来自海量的受版权保护的作品。然而，这种使用方式却未获得版权所有者的同意，因此引发了关于版权侵权的法律诉讼。

这一案件不仅是关于版权问题的法律争端，更是人工智能如何与人类创造性内容互动的深层次伦理问题的体现。随着 AI 技术的发展，类似的问题可能会越来越普遍。数据的所有权、AI 对创意工作的影响以及由此带来的社会责任，都是我们在思考 AI 与人类交互的伦理边界时需要深思的重要方面。

这一案例引发的争议揭示了一个更加广泛的问题：在 AI 的应用和发展过程中，如何在保护创新与尊重个人和集体的创意劳动之间找到平衡？这种平衡不仅需要法律的介入，更需要全社会在道德和伦理层面的共同努力。

在当前科技飞速发展的背景下，AI 与人类的互动正变得越来越复杂和深入。然而，随着 AI 在各个领域的应用逐渐普及，其背后的伦理问题也随之浮出水面。

2. AI 决策中的信任问题

当人们使用 AI 进行决策时，尤其是在涉及医疗、法律和金融等关键领域，AI 的决策透明度和可解释性成为至关重要的问题。例如，在医疗诊断中，AI 可能会给出某种疾病的诊断结果，但如果患者和医生无法理解 AI 是如何得出这一结论的，他们对这一结果的信任度必然会受到影响。这种"黑箱"效应阻碍了 AI 的广泛应用和接受，也使得伦理学家和技术开发者对如何提高 AI 系统的透明度和可解释性提出了更高的要求。

3. 数据隐私与伦理挑战

此外，数据隐私问题也是当前人机交互中所面临的不可忽视的挑战。

AI 系统通常依赖于对大量的个人数据进行训练，这些数据的收集、存储和使用都带来了潜在的隐私泄露风险。用户在享受 AI 带来的便利的同时，往往会产生对个人信息可能被滥用的担忧。因此，如何在保护用户隐私的同时充分发挥 AI 的能力，成为当下 AI 伦理中的核心议题之一。

随着 AI 技术的不断进步，伦理问题也在逐渐复杂化，并将在未来的应用中变得更加重要。在展望 AI 伦理的未来时，我们必须考虑几个关键领域，这些领域将对社会产生深远的影响。在和多伦多大学 AI 专业的几位教授沟通后，我总结了以下四条。

首先，人工智能自主性的增加可能带来深远的伦理挑战。未来的 AI 系统可能会在更大程度上自主决策，减少人类的干预。例如，完全自主的 AI 可能会被用于军事行动、医疗诊断或法律裁决等领域，而这将引发关于责任归属的重大伦理问题。如果 AI 做出了错误的决策，谁将承担后果？是开发者、操作者，还是 AI 本身？这种模糊的责任归属使监管和法律框架的建立变得极其复杂。

其次，人工智能与人类权利的冲突将成为一个日益突出的议题。随着 AI 在工作场所、教育系统和公共服务中的广泛应用，人类的基本权利，如隐私权、工作权和受教育权，可能面临前所未有的挑战。AI 的广泛应用可能会导致就业机会减少，特别是在传统行业，进而加剧社会的不平等。为了应对这一挑战，政府和企业需要制定明确的政策，确保 AI 的发展不会以牺牲人类权利为代价。

另外，AI 伦理的全球性视角也是未来不可忽视的方面。不同的国家和文化对伦理有不同的理解，这意味着全球 AI 伦理规范的制定将面临巨大的挑战。例如，在隐私保护、数据使用和自由言论等问题上，东西方国家可能会有不同的观点。这种全球性的差异要求各国在制定 AI 伦理框架时，必须考虑到多元化的价值观和文化背景，推动国际合作，共同应对 AI 带来的伦理挑战。

最后，AI 技术与社会伦理的融合将是未来 AI 发展的关键。随着 AI 的广泛应用，技术开发者和伦理学家之间的对话变得更加重要。未来的 AI 伦理规范应当不仅是技术标准的制定，还应融入社会道德的考量。这需要跨学科的合作，整合技术、法律、伦理和社会科学的力量，确保 AI 的发展与社会价值观协调一致。

综上所述，未来的 AI 伦理不仅是关于技术本身的探讨，更是对人类社会、权利和价值观的深刻反思。随着 AI 技术的不断进步，伦理问题将变得更加复杂和紧迫，要求我们以更加谨慎和全面的方式应对这一挑战。

4. AI 自主性与人类责任

在人工智能的快速发展中，数据是其背后的驱动力量。无论是社交媒体上的推荐算法，还是医疗领域的精准治疗，AI 的成功很大程度上依赖于对大量数据的收集、存储和分析。同理，这也引发了对个人隐私的广泛担忧。在当今社会，数据收集不仅涉及技术问题，还涉及深刻的伦理问题。AI 技术虽然能够带来便利和创新，但它对个人隐私的潜在威胁不容忽视。AI 系统通常需要收集大量用户数据来提高其性能和精确度。然而，在这些数据的收集、存储和使用过程中，可能会侵犯个人隐私。用户的浏览记录、地理位置、社交互动、健康信息等敏感数据往往被收集并用于分析，这不仅带来了隐私泄露的风险，还可能导致数据滥用的情况。例如，一些公司利用用户数据进行目标广告投放，甚至在用户未授权的情况下分享或出售数据。这种行为引发了对数据所有权和使用透明度的质疑。在 AI 时代，数据的所有权问题变得更加复杂。用户是否拥有对自己数据的完全控制权？在许多情况下，用户的数据被收集后，用户对这些数据的使用方式几乎没有任何控制力。许多用户甚至不知道他们的数据被如何使用，或者谁在使用这些数据。这种缺乏透明度的状况，使得数据的伦理边界变得模糊不清。为了保护用户隐私，必须在数据收集和使用过程中增加透明度，确保用户对自己数据的使用有足够的知情权。为了解决隐私问题，一些学者和行业专家提出了多个方法。例如，数据最小化原则建议只收集和处理实现特定目标所需的最少数据；加密技术可以在数据存储和传输过程中保护数据的安全。此外，增强用户控制权，让用户能够自主选择分享哪些数据以及如何使用这些数据，也是保护隐私的重要手段。

这些方法能够在一定程度上缓解隐私问题，但它们的有效实施依赖于监管框架的完善和技术的不断进步。只有通过法律和技术的双重保障，才能在 AI 技术的应用中找到保护隐私与数据利用之间的平衡点。

◉ **本章推荐书单**

【1】书名:《大数据时代生活、工作与思维的大变革》

作者:[英]维克托·迈尔–舍恩伯格

出版社:浙江人民出版社

出版时间:2013 年 1 月

【2】书名:《机器，平台，群众》

作者:[美]安德鲁·麦克费，埃瑞克·布林优夫森

出版社:天下文化出版公司

出版时间:2017 年 12 月

【3】书名:《算法图解》

作者:[美]阿迪特亚·巴尔加瓦

出版社:人民邮电出版社

出版时间:2022 年 11 月

第 章

AI 时代的机遇

在 AI 时代，拥有提出好问题的能力已经成为一种核心竞争力。本章将探讨提问艺术在未来学习、工作中的重要性，以及如何通过不断提问培养批判性思维，提升创新能力。通过对中西方教育方式的对比，探讨提问文化对个人成长和职业发展的影响。同时，本章还将分享如何通过 AI 赋能进行创业，从市场调研、产品开发到团队组建，再到 AI 工具如何为每个环节提供支持，从而帮助创业者抓住时代机遇，打造自己的财富人生。

5.1　提问的艺术：AI 时代的核心竞争力

1. 提问的重要性与未来教育的变革

在开始正题之前，我想推荐一本书——美国著名作家尼尔·布朗的《学会提问（原书第 12 版）》，尽管这本书已经出版多年，但其内容仍然具有很大的参考价值。这本书之所以重要，是因为在未来，提问将成为一项关键技能。

我们在前面已经讨论过，传统教育在未来会面对若干问题。例如，在以往的教学方法中，老师往往负责全面讲解课程内容，无论是否涉及考试，都会逐一讲解。在这种情况下，学生很少有机会提问。因为每节课只有 40 分钟，老师必须确保每一个内容点都讲到，而学生则需要尽量记住所有信息，但这在实际上是不可能的。

在未来的教育中，掌握所有知识是不现实的。重要的是，要学会如何有效提问。掌握这一技能将使你在面对复杂多变的信息时能够更好地筛选和理解信息，而不是被动接受所有内容。这种能力将使你快速找到关键信息，并在知识的海洋中保持灵活性和主动性。

2. 北美课堂与中国课堂的提问文化差异

我发现北美的课堂和中国的课堂在互动方式上存在一些差异。比如在北美课堂上，学生如果遇到不理解的地方，可能会立刻举手打断老师，直接说"老师，不好意思，这个我没懂"。这种主动提问和互动在北美教育体系中是较为常见的。

在中国的课堂上，学生提问常常会被视为扰乱课堂秩序，很多学生即使有问题也会犹豫是否要提出，担心会打断老师的讲课进程。这种现象在国外尤其在亚裔学生中更加明显，他们常常因为内向而不敢提问。这种行为与传统的儒家思想有关，孔子的"尊师重道"观念强调对老师的尊敬，使得许多学生认为质疑老师或打断课堂是对老师的不尊重。

然而，这种不敢提问的习惯在未来的学习和职业发展中可能会成为一种阻碍。随着科技的快速发展，旧的知识不断被新知识取代。为了跟上时代的步伐，提问和质疑成为获取新知识和推动创新的关键手段。特别是在科技领域，市场的变化速度极快，没有一成不变的东西。因此，学会提问不仅能帮助你发现问题，还能使你在不断变化的环境中提升学习和创新的能力。

3. 培养批判性思维的重要性

在未来的社会中，提出问题还不够，追问更是一项关键能力。要知道，有些问题提出来之后，可能并不会有明确的答案，但这种提问的过程本身就能激励我们深入思考，促使我们不断进步。

我曾采访过许多美国和加拿大的老师，发现一个有趣的现象：那些很快得出结果的学生通常只能获得 B 或 C 的评分。你可能会好奇，为什么快速得出结论的学生反而得不到高分呢？这些老师的回答是，因为在如今的信息时代，任何结果几乎都可以在谷歌上查到。他们更看重学生在提出问题后是否能够继续追问，是否能够深入挖掘问题的本质，而不是仅仅停留在获得表面的结果上。

在北美的课堂上，有一种特别重要的能力，就是批判性思维，尤其在面对没有标准答案的问题时。这种思维模式强调持续提问，甚至鼓励听者质疑最初的结论。例如，当老师问学生"你认为这个实验结果说明了什么"时，答案并不是固定的，不同的学生可能有不同的看法，这些看法本身也许各有道理，但又不完全对。

这种教育模式在商业会议中也很常见。领导者经常会问下属："这个策略还有什么改进的空间？"而不是问："你认为它告诉了我们什么？"因为领导者更关注如何在现有基础上继续改进和发展，而不是得到一个已经确定的答案。最终，启发性思维和持续提问的能力成为他们最看重的素质。

4. 好问题的力量与实例分析

下面让我们看看西方文化中的经典提问方式，它们不仅是简单的疑问，更是深入思考的起点。比如，莎士比亚提出的"生存还是死亡，这是一个问题"，不仅是文学中的名句，更是对人生意义的深刻追问。苏格拉底的"我是谁？"不仅是哲学思辨的起点，更是自我认知的核心问题。爱因斯坦的"我能不能追上光？"推动了相对论的诞生，而乔布斯的"这是你能做到的最好的了吗？"则促使无数工程师不断改进，追求卓越。

这些问题至今也没有明确的答案，但它们的力量在于激发了持续的探索和进步。这些优秀人物提出的好问题比一个现成的好答案更有力量，正如我们常说的那样，"一个好问题永远比好答案更有力量"。这句话可以说是对这些经典提问方式的总结。

乔布斯的例子尤其值得深思。他选择提出一个简单的问题："这是你能做到的最好的了吗？"正是这一问题激励了他的团队不断改进产品，最终把 Mac 电脑的开机时间缩短了几秒钟。这几秒钟的效率提升看似微不足道，但乔布斯看得很远，他进一步解释道："如果每天有 500万人打开他们的 Mac，节省的 10 秒钟意味着每天节省了 5000 万秒，一年就是 12 个人的一辈子。"这一问题，不仅展示了乔布斯对产品的极致追求，更显示了他对时间和效率的深刻理解。

这正是好问题的力量，它能激发人们追求更高的目标，推动持续的创新和进步。

接下来，我想和大家分享一个关于安德鲁的故事，它展示了一个好问题是如何改变一个人的一生的。安德鲁出生在一个医学世家，家里的每一个人都在从事医疗行业。在这样的环境下，安德鲁自然而然地考入了医学院。然而，在大二的时候，安德鲁遇到了一位职业规划教授，这位教授问了他一个非常具有启发性的问题，而这个问题改变了他的一生。

教授问安德鲁："如果你现在给自己写一份讣告，你希望在墓碑上写什么？"这个问题让安德鲁陷入了深思。他开始动笔写下自己未来的讣告，描述自己成为一位声名显赫的医生，在著名的医学院任教，收入丰厚，荣誉满身，令父母感到无比自豪。然而，写了大约二十分钟，安德鲁突然停下了笔，感到内心深处有一种无法忽视的空虚感。他开始质疑：这真的是自己想要的一生吗？

原来，尽管医学是父母希望安德鲁从事的职业，但这并不是他内心真正渴望的。他不喜欢医学，他真正想要的是从事商业，成为一名企业家。他希望自己精通多门外语，在欧洲从事国际贸易，还想写几本商业类的书籍，并最终成为一名商学院的教授。

这一刻的觉醒让安德鲁重写了他的讣告，明确了自己未来的方向。最终，他在商界取得了巨大的成功，并将自己的经历写成了一本书，名为《提问的艺术：为什么你该这样问》。

这本书提到了一个极其重要的概念，即提问和不断追问的力量。在没有 AI 的时代，我们依赖于自己的思考能力，通过不断反复地思考寻找答案。然而，在 AI 的时代，我们可以借助 AI 的强大能力，不停地输入问题，并不断追问和调整，直到我们获得自己想要的答案。

《提问的艺术：为什么你该这样问》这本书中有一个核心观念，即人的每一天都在向死亡迈进，因此，我们应该抱着一种迎接死亡的心态解决生活中的每个问题。不断提问、不断思考是我们走向自我实现的关键。如果我们意识到生命是有限的，我们就会更加迫切地思考那些尚未解决的问题，并不断追问，直至找到答案。

5. 彼得·德鲁克的五个关键问题

接下来分享的五个关键问题，是由"现代管理学之父"彼得·德鲁克提出的，这五个问题指向的是人生和事业的核心目标，具体如下。

（1）你的愿景是什么？——这个问题帮助我们明确人生目标和方向，了解我们真正想要达成的愿景。

（2）你愿意投入身心去打造的最重要的关系是什么样的？——这个问题探讨了我们在人生中最重视的是什么样的关系，以及我们如何通过这些关系实现我们的愿景。

（3）什么能创造客户价值？——对于商业和职业生涯而言，了解什么能够为客户创造价值，是成功的关键。

（4）你期望得到的结果是什么？——我们需要清晰地知道我们期望通过努力实现什么样的结果。

（5）你的计划是什么？——最后一个问题聚焦在行动上，即我们如何制订计划，并通过这些计划实现我们的愿景和目标。

这五个问题不仅与事业上的规划相关，更与自我认识和实现人生意义的深层次思考相关。每一个问题都在引导我们思考："你是谁？"

在整个人生中，你可能会不断地追问，尽管你未必能找到最终的答案，但这个过程会促使你不断思考。关于提问，存在三种主要的方法。

第一种是封闭式提问，所谓封闭式，即问题的答案只能是"是"或"否"。这种提问方式在未来可能会越来越少。例如，当你与他人讨论一个问题时，如果对方一直在绕圈子，你可以直接用封闭式提问获得明确的回答，比如让对方回答"是"或"否"。

第二种是开放式提问，这类问题没有固定的答案，回答者可以自由发挥，直到他们觉得已经表达完毕。现在大多数课堂上使用的正是这种提问方式。

未来教育更为看重的是第三种提问方式，即追问式提问。当一个问题得到回答后，仍然可以继续追问，深入探讨，直到问题的本质被彻底揭示。在中国文化中，追问他人有时被视为不礼貌，但在学习和研究中，这种方式极为重要。例如，ChatGPT 等人工智能工具不会因被人追问而感到不适，因此它们将成为优秀的学习助手。

然而，仅仅掌握工具还不够，未来的孩子们必须成为批判性思考者。请大家务必记住这一点，只有具备批判性思维，才能提出更好的问题，形成更有力的论述，从而更深入地理解这个世界。

那么，什么是批判性思维呢？它指的是对信息进行系统化的思考、鉴别和评价，然后做出回应。有些人可能会认为，在知识越来越容易获取的未来，我们是否还需要学习知识？答案是肯定的。你提出的问题取决于你脑海中积累的知识。如果你拥有丰富的知识，那么借助更好的工具，你的知识储备将不断增加。

5.2 AI 创业指南：如何开启你的 AI 事业？

1. AI 赋能创业的八个步骤

首先，我们要明确什么是创业。作为一位经验丰富的创业者，我有成功的经验，也有失败的教训。我认为，创业并不一定需要以公司成功出售为标志，现在，即便是组建一个小团队，通过各平台卖货，或者制作短视频，只要在开创一些新的事物，就是在创业。

传统的创业过程一般包含八个步骤，而 AI 在这些步骤中可以发挥极大的促进作用。

第一步：市场调研。当你决定创业时，市场调研是不可或缺的一步。你需要了解市场的规模，分析竞争对手，并确定目标客户。如果你不清楚市场的规模，那么你在创业初期就可能遇到"瓶颈"。比如，我在加拿大遇到过两个学电子信息工程的年轻人，他们开发了一个电路板，卖给温哥华的交通局，用于优化红绿灯的变换时机和解决交通拥堵问题。然而，他们没想到温哥华的红绿灯数量非常有限，导致市场规模很小，最终遇到了发展"瓶颈"。如果他们在创业之前进行过充分的市场调研，就不会走到这一步。

第二步：商业计划书的撰写。市场调研完成后，接下来就是撰写详细的商业计划。这个计划需要明确业务模式、市场策略和财务预测等内容，通常被称为商业计划书。这个步骤非常关键，它不仅是你未来的业务指南，更是你下一步融资的基础。

第三步：融资。一旦你有了完整的商业计划书，就可以开始为你的创业项目筹集资金。在融资过程中，有多个途径可以选择，比如天使轮融资、风险投资、众筹等。投资人决定是否投资你，要么是因为你这个人讲诚信，要么是因为你这个项目有前景。初期的投资往往是因为投资人相信你这个人，后期则是因为他们看好你的项目。AI 在这一过程中可以帮助你更有效地接触投资人，甚至通过 AI 分析投资人的投资偏好，从而提高成功率。

第四步：团队组建。有了资金支持后，创业者可以进入第四步，即团队组建。其实，即使没有足够的资金，这一步也可以提前进行。你需要组建一个包括技术团队、管理团队和运营团队在内的强大团队。组建团队是创业的重要环节。一个好的团队能够有效分担任务，充分发挥各自的特长，为公司的长远发展打下坚实的基础。在这个阶段，你可以通过线上招聘平台，也可以通过朋友或业内人脉寻找合适的人选。AI 可以帮助你筛选简历、安排面试，还可以根据候选人的技能和经验为你推荐最佳人选。

第五步：产品开发。在组建了核心团队后，下一步就是产品开发。产品开发需要基于市场需求，并且需要明确你的目标客户群体。AI 可以在这个过程中提供帮助，比如通过数据分析，预测市场需求趋势，帮助你更好地设计和开发产品。当年我的公司开发的大学英语四六级系统班，就是通过对市场需求的深入研究，设计出了一套切实可行的产品。

第六步：市场营销。产品开发完成后，你需要进行市场营销，让更多人知道你的产品。AI 在这一步也可以大显身手，比如通过社交媒体平台进行精准广告投放。使用自媒体进行推广以及利用内容营销吸引目标客户群体。AI 可以帮助你优化广告效果，提高投资回报率。

第七步：运营与管理。有了初步的市场反馈后，接下来就是日常的运营与管理。这一步需要你制定业务流程、建立管理制度并持续监控运营效率。AI 工具可以帮助你建立自动化流程，监控业务表现，并通过数据分析持续优化运营策略，提高效率。

第八步：持续创新与扩展。最后，通过持续创新与扩展，你可以实现公司业绩的长期增长。在这一阶段，AI 可以帮助你挖掘新的市场机会，分析竞争对手的动向，并优化现有产品和服务。AI 还能帮助你制定长期战略规划，使公司在激烈的市场竞争中保持领先地位。

这八个步骤是创业的基本流程，而 AI 的引入则可以在每个步骤中起到关键作用，大大提高创业的成功率。

2. 八个关键创业步骤中可以使用的 AI 工具

以下是八个关键创业步骤中可以使用的 AI 工具及其所起的作用。

第一步：市场调研。在市场调研阶段，你可以利用 CB Insights 这样的 AI 工具。CB Insights 能够通过分析数百个新闻来源、报告、专利和资金流向，提供市场洞察和竞争报告，帮助你迅速了解市场规模和潜在对手，避免浪费大量时间在图书馆或网上搜索资料。

第二步：商业计划书的撰写。撰写商业计划书是创业的重要步骤。Live Plan 是一款 AI 工具，能够提供商业计划模板和实时建议，甚至可以帮助你撰写完整的商业计划书。这款工具可以根据当前市场环境提供最合适的策略建议，避免因不充分的规划而导致失败。

第三步：融资。虽然 AI 在市场调研和商业计划书撰写上有很大帮助，但在融资阶段，人际关系仍然占据主导地位。在这个环节，通常需要你与投资人建立信任关系，这是 AI 难以完全替代的。

第四步：团队组建。团队组建不仅仅是寻找朋友和亲戚合作。AI

工具如 HireVue 可以通过视频面试分析候选人的微表情、语音语调，从而更客观地评估候选人的适配度，避免"近亲繁殖"带来的潜在问题。

第五步：产品开发。在产品开发中，AI 工具几乎无所不在，可以帮助优化设计、预测市场需求，并根据用户反馈持续改进产品。上一节介绍过的 AI 赋能产品开发的例子非常典型，AI 可以使产品更具竞争力和创新性。

第六步：市场营销。在市场营销中，Acquisio 等 AI 工具能够优化在线广告投放策略，通过分析客户行为数据，提升广告点击率和转化率。这类工具能帮助创业者以最小的成本获得最大的市场曝光。

第七步：运营与管理。AI 在运营和管理中起到了优化流程和系统的关键作用。IBM Watson 是其中的代表性工具，可提供业务分析和优化服务，极大地提高运营效率。

第八步：持续创新与扩展。通过使用 AI 工具如亚马逊的个性化推荐系统和谷歌的算法改进功能，企业能够持续创新，保持竞争优势，确保业绩的长期增长。

3. 八个创业步骤中可使用的中国 AI 工具

在中国，许多 AI 工具已经能够在创业的各个步骤中提供支持。接下来介绍八个创业步骤中可使用的中国 AI 工具。

第一步：市场调研。在市场调研方面，易观千帆和鲸准是两款中国市场常用的 AI 工具。易观千帆通过数据分析和行业洞察帮助企业了解市场动态和竞争对手，而鲸准则可以提供创投行业的深度数据，辅助市场调研和行业分析。

第二步：商业计划书的撰写。对于撰写商业计划书，金蝶云·星空是一个很好的工具。它提供智能财务分析和企业管理功能，能够帮助创业者更好地撰写商业计划书，并通过大数据分析提供实时建议。

第三步：融资。在融资方面，虽然人际关系仍然非常重要，但猎云网和 36 氪融资等平台可以帮助创业者找到潜在投资人，并了解最新的融资动态和趋势。这些平台通过 AI 分析能够匹配到最合适的投资机构和个人。

第四步：团队组建。BOSS 直聘和猎云网上的 AI 招聘工具可以帮助创业者更高效地筛选和面试候选人。BOSS 直聘通过智能匹配技术快速匹配最合适的求职者，而猎云网则利用 AI 技术分析求职者的背景和能力。

第五步：产品开发。在产品开发中，阿里云提供了一整套 AI 开发工具，可帮助企业进行智能产品的开发。无论是图像识别、自然语言处理还是大数据分析，阿里云都提供了丰富的 API（应用程序编程接口）和开发平台，适用于各种产品开发需求。

第六步：市场营销。在市场营销方面，字节跳动旗下的巨量引擎是一个强大的 AI 广告投放平台，能够根据用户行为数据优化广告投放策略，提升点击率和转化率。

第七步：运营与管理。钉钉和企业微信是中国企业常用的智能管理工具，它们不仅提供基础的办公自动化功能，还通过 AI 技术优化企业内部的沟通和协作流程，提高工作效率。

第八步：持续创新与扩展。在持续创新和业务扩展中，华为云的 AI 服务能够帮助企业进行智能化转型，通过提供定制化的 AI 解决方案，助力企业在行业中保持创新能力和竞争力。

这些中国的 AI 工具在各自的领域中都有广泛应用，能够为创业者提供从市场调研到产品开发、市场营销、运营管理的全方位支持。

下面，我跟大家分享一个真实的故事。我的一个朋友从网易辞职——其年薪接近 200 万元，决定创立一个专注于 AI 相关课程的团队。起初，团队的所有核心岗位——法务、财务、CEO、助理——都由他一人承担，而他最大的助手就是 ChatGPT。

在法务方面，计算机专业出身的他面对复杂的法律条款显然有些力不从心，于是他将合同交给 ChatGPT 进行审查，由 AI 指出需要修改的条款。财务工作同样如此，他每月将财务报表上传给 ChatGPT，AI 帮助他分析哪些成本可以削减、哪些业务值得增加投入。

随着业务的发展，他开始招募员工，但他并不要求这些员工有极高的专业技能，只要求他们能熟练使用 AI。他的合伙人是一位 1998 年出生的小姑娘，虽然学的是金融学，但凭借对 ChatGPT 的精通，她训练了多个模型，帮助团队不断优化课程。

他还招募了一位当地公关高手，这个人熟悉人脉资源，在社交场合能发挥机器无法替代的作用。

这个故事告诉我们，创业并不一定很复杂，尤其在现今的 AI 时代。然而，在当前的经济环境下，我还是建议大家尽量避免高风险创业。如果决定创业，建议从小规模开始，使用 AI 工具提高效率并降低成本。这种"一人 +AI"的模式既灵活又高效，是一种非常现代且感性的创业方式。没有必要大规模招人或租赁办公场所，甚至签署文件也可以在咖啡厅完成，实用且体面。

5.3　AI 如何赋能职场？

1. AI 在职场中的应用场景

我以自身经历讲述 AI 赋能职场的应用场景。我曾是一名英语老师，这些年来，我讲授过许多不同的课程，如历史课、写作课、出版课，甚至与 AI 相关的课程。我之所以能够教授这么多课程，是因为我在担任英语老师的过程中积累了丰富的教学经验，并形成了一套有效的教学方法。在这套方法的加持下，只要我掌握了一门课程的格式和结构，以及知道在何时讲解什么内容，原则上我就能教授任何课程。我之前提到过：在知识瞬息万变的时代，只要你掌握了指令，几乎可以应对任何教学任务。我的很多知识结构现在都得益于 ChatGPT 的帮助，它帮助我快速搭建课程的整体框架。

2. AI 在零售、制造、营销中的应用

接下来将讲述几个 AI 在不同行业中的应用案例，从而说明它如何帮助我们提高工作效率，以及如何与其他领域相结合。

我先分享一个小故事。我去香港时，有一位学生经营着一家酒行，他不仅自己酿酒，还在酒瓶上刻字送人。早些年，他刻字的内容通常是"××惠存"或者"敬赠×××"，但现在情况有所不同。一天，我们一边聊天一边喝酒，他拿出一瓶酒，上面刻着一首藏头诗，将每句的首字连起来便是"李尚龙爱喝酒"。我当时感到十分惊讶，便问他："什么时候变得这么有文采，是雇用了北大或清华的人才吗？"他笑着说都不是，而是用了 ChatGPT。他告诉我，这首诗的指令非常简单，只需输入"以李尚龙爱喝酒作一首藏头诗，表达今天天气不错"，就能生成这样一首诗。

因此，你不妨思考一下，自己的行业是否也能被 AI 赋能？实际上，AI 能够赋能无数行业。我建议：请你找到自己的专长，然后问 AI 这个专长在未来怎样和 AI 结合，再思考一下未来你要怎么往这个方向发展。

本节主要分享如何通过 AI 赋能职场。当然，我所讲的不仅仅是提

高工作效率的简单应用，比如制作 Excel 表格或分析文档。实际上，AI 在各个领域的应用非常广泛。比如，AI 在医疗行业中的应用就很典型。麻省理工学院与麻省总医院合作开发了一个用于放射学的 AI 算法。这个 AI 系统通过深度学习技术，分析大量标注图像，以识别癌症、骨折和器官异常等情况，其准确率高达 94%。而通常，优秀的医生在这些领域的准确率仅为 65%。这种 AI 系统不仅提高了诊断的准确性，还减轻了放射科医生的工作负担。

要知道，放射科医生有时下午状态并不好，如果没有午睡，他们的诊断准确性可能会更低。有了这款 AI，医生无论是上午还是下午工作，效率都能够得到提升，从而让他们有更多精力集中于更复杂的病例研究。

下面，继续为大家分享 AI 在其他行业的应用。例如，在金融行业，以 IQVIA 公司为例，这家公司利用 AI 技术显著提高了市场预测的准确性，并利用 AI 制定投资策略。

因此，如果你要进行投资，可以先找到大量的市场数据，然后将这些数据输入 AI 系统，让它帮助你发现潜在的投资机会，并提供优化的投资组合建议，从而帮助你或你的公司提高收益。

同样，AI 在零售行业也有广泛应用。例如，某电商平台利用 AI 分析用户行为数据，并提供个性化的商品推荐。你可能会发现，如果你经常购买低价商品，AI 会为你推荐更多的 9.9 元包邮产品；而如果你倾向于购买高端产品，则会看到保时捷、宝马等高档商品出现在推荐列表中。这一切都表明，商家通过 AI 分析你的浏览历史、购买历史，甚至停留时间来判断你的喜好和消费能力，进而提高你的购物体验感。

AI 还能够与制造业结合，被广泛应用于智能制造和预测性维护。例如，一个工厂可能会使用 AI 系统进行设备监控和故障预测。你可能无法立即判断一台机器还能持续工作多久，但 AI 可以通过实时监测设备的运行状态和相关照片，提前发现潜在的故障和承受能力问题。这种技术在制造业中被称为预防性维护，能够有效避免生产的停工。

对于普通人来说，AI 还可以提高工作效率。例如，自动化重复性任务，如数据输入、报告生成等，都可以通过 AI 完成。你可以用 AI 生成财务报表或计算 KPI。这意味着，原则上只要涉及重复劳动的产业，AI 都可以进行赋能。AI 还可以帮助你调整饮食，测量运动量，甚至生成一个适合你的食谱，让你在保持健康的同时也能享受美食。

3. AI 赋能内容创作与教育行业

此外，AI 还可以帮助作家进行创作。大家可能已经听说过 AIGC（人工智能生成内容）这个词。现在，越来越多的人开始使用 AIGC 创作小说和剧本。虽然 AI 无法完全取代作家的灵感和创意，但它可以帮助润色和提升效率。比如，2024 年 2 月日本最高文学奖项——芥川奖——颁给了一位 1992 年出生的小姑娘，她承认自己有 5% 的作品内容是通过 ChatGPT 创作的。消息一出，令人震惊。然而，她并未透露具体是哪部分，因为一旦公开，可能会影响她的职业生涯。

AI 不仅在创作领域发挥作用，还在教育行业中展现了巨大的潜力。随着国家对教培公司的严格监管，一些公司开始拥抱人工智能技术。比如，以前不允许销售的数学题，现在可以通过 AI 重新包装为"逻辑题"。这个过程很简单：将初中数学题输入 ChatGPT，然后根据学生的特点和需求，定制出一套专属于他们的学习工具。这样，AI 就成了学生的私人家教，专门针对个人的需求提供辅导。这种转变可能会导致未来许多传统老师失业，因为 AI 能够更高效地提供个性化教育。未来，教师的角色可能更多是提供陪伴和情感支持。

AI 还可以在营销和广告领域大显身手。通过 AI 进行广告投放优化、客户细分，甚至销售话术的生成，都能显著提高销售额。例如，一家广告公司通过 AI 分析客户数据，发现自己的主要客户群体更倾向于在拼多多上购物，而不是抖音。于是，他们将广告投放重心转移到拼多多，取得了显著效果。这个例子说明，AI 不仅可以帮助企业更好地理解客户，还可以优化市场策略。

5.4 通过 AI 赚钱的方法和案例

1. 通过 AI 售卖课程与内容创作营利

下面我会告诉你一些赚钱的方法，这些方法实用且直接，可以立即应用。首先，假如你希望通过售卖课程营利，那么我将授权给你我的课程，这意味着你可以用它来开设自己的卖课公司，注明出处即可。

有人可能想直接照搬我的逐字稿？如果只是简单复制，看来你并没有真正掌握 AI 的核心要义。AI 有一个非常强大的功能，叫作仿写。你可以提取我讲课的核心内容，交给 AI 进行扩展，将其转化为适合你风格的课程内容，再售卖给他人。这样，AI 就成了一个有效的营利工具。

如果你希望更省力一些，可以将我讲授的内容转化为文字，再利用 AI 进行仿写和优化。这种仿写功能极其强大，我曾看到一家公司专门利用 AI 进行自媒体创作。具体方式是通过 AI 分析网上的热门视频，然后将这些视频转化为文字稿，再交给 AI 进行仿写，最终生成新的内容。不同类型的内容会被分配给不同领域的主播，例如情感类的内容会分给情感主播，而商业类的内容则交给商业主播。通过这种方式，这家公司的流量大大提升，选题也更加精准。

同样地，你也可以运用这个方法对我的课程进行重新编排和优化，再推向市场。即使你选择的是最简单的方式售卖课程，你也能有所收获。

当然，我始终坚持一个观点：无论在任何领域，最终的成功往往归结于知识的传授。学习如何将知识变现是一项重要的技能，尤其是在知识付费的时代，能够通过分享知识获得收益并不丢人。如果有人愿意为获得你的知识而埋单，恰恰证明你的知识有价值。

我讲述了这些方法之后，希望你能够灵活运用、触类旁通。比如，你能否利用 AI 撰写网络小说以吸引流量？有人可能会抱怨说，尝试过让 AI 写网络小说，但结果不尽如人意。问题的关键在于，你是否提供了足够的基础材料。请记住，提供扎实的基础是至关重要的。你可以去各大网络小说平台查看哪些类型的小说正在引领潮流，不要从头开始写作，而是要运用 AI 进行仿写。

我们可以看到，当今全球文化输出中，最具影响力的并非孔子、孟子等传统文化，而是网络小说。在美国，有一个名为 ReelShort 的网站广受欢迎。这一平台自 2022 年起，注册用户迅速增加，这一现象说明，美国读者对这些内容非常着迷，因为他们之前未曾接触过类似的题材。网络小说是一个庞大的市场，关键在于模仿，而不是从零开始。

你也可以用同样的方法写书。

我曾写过一本书，名为《一小时就懂的沟通课》。为了完成这本书，我阅读了大量与沟通相关的著作，如《非暴力沟通》和《思考，快与慢》。在阅读和整理这些资料的过程中，我花费了三个多月的时间，将这些知识消化、归纳，并最终融入自己的表达。然而，现如今有了 AI 的帮助，这个过程可能在两天内就能完成。为何如此？因为 AI 能够在创作中提供极大的帮助，这些知识本身早已存在，而 AI 能够快速地将其整合为新的内容。

基于此，我想给大家进一步的启发：你还可以利用 AI 做什么呢？例如，你可以成为一名书评人。既然你已经掌握了 AI 写作的技巧，当然也可以利用 AI 进行阅读。请记住，ChatGPT 能够阅读多达 10 万字的内容，而 Kimi 更是宣称自己可以处理高达 300 万字的文本。传统书评人的一大特点是：他们需要花费大量时间阅读，并且必须在书籍面市之前抢先阅读，因为他们的评价和公信力往往决定了这本书的命运。因此，传统作家特别忌惮得罪书评人。

现在有了 AI，你可以借助它快速阅读并生成书评。你只需为 AI 提供一个模板，让它参考相关的内容，就能够生成高质量的书评。由此延伸，你还可以成为一名读书博主。即便你阅读的书不多，只要拥有 PDF 格式的书籍文件，AI 就能帮助你快速完成阅读并提供评论。你甚至可以利用这些书评内容制作短视频，发布在抖音等平台上。

不要低估这个市场赛道的潜力。抖音在 2023 年发布了一份读书生态数据报告。报告指出，2022 年，抖音平台上售出的图书订单达到了 2.5 亿单。而在抖音平台上，董宇辉和刘媛媛早期大都从事读书博主的工作，之后才逐渐转向销售农产品和百货。

由此，我发现了一个有趣的现象：书籍本身不容易引起人们的反感，因此，读书博主通常更容易积累流量。当他们的影响力达到一定规模后，无论他们推销什么产品，都会有粉丝追随。后来，我询问了几个美国的朋友，他们告诉我，美国的市场逻辑其实与此类似。亚马逊一开始也以卖书起家，后来扩展到各类商品。当当网最初也以销售书籍为主。

这种现象背后蕴含着重要的市场价值。在网上，不少拥有二三十万粉丝的读书博主一年能售出几百万册书籍，收入非常可观。

另外，还有一个典型案例：一本过去长期被忽视、难以引起注意的冷门图书，仅通过短视频推广，一年内加印了 41 次，总销量达到了 400 万册。我特意联系了这本书的推广者，发现他巧妙地利用 AI 生成了文案。因此，你不要小看利用 AI 通过小额交易实现盈利的潜力。

2. 通过 AI 生成图像与定制服务营利

接下来，我建议大家学习一下 Midjourney 和其他 AI 作图软件，因为这些工具也能带来收益。

以 Midjourney 为例，它拥有许多功能板块，只需输入一行文字，就能生成各种图像，甚至包括换装效果。这种操作方式非常简单，大家可以在网上轻松找到相关教程。

例如，假设北京城里有一位孕妇，她想拍摄一些照片，不必真的飞到马尔代夫或温哥华取景，通过 AI 的换脸技术即可实现。这个技术可以让孕妇穿上各种漂亮的衣服，而不需要亲自前往拍摄地，这样的服务对于客户来说非常划算。比如，每个人收费 5 元，提供 10 张照片，完全可行。在 AI 技术的支持下，只要人脸保持一致，服装和背景都可以自由变化。

在此，我推荐三个相关的网站。第一个是 AI 抠图魔术师，它可以快速完成抠图任务。第二个是 Outfit Anyone，这是一款电商从业者的福利软件，不过需要使用特殊的网络工具才能访问。这款软件可以为任何模特更换服装，操作非常便捷。第三个是摹小仙，通过 AI 技术一键换装，所有照片都能轻松完成换装。

此外，我还想分享一个让我非常震惊的商业案例——使用 AI 技术制作四维宝宝的影像。这绝对是一个商机，在这个领域，速度就是一切，建议大家赶紧尝试。

首先，你需要使用 Midjourney。你在谷歌上搜索 Midjourney，注册并支付相应的费用。相信我，一年的订阅费用绝对物有所值。商业的底层逻辑之一就是贩卖期待。如果你的商业模式或者小生意中缺乏期待感，那它就不是一个好生意。那么，什么是期待？举个例子，我一位朋友怀孕了，她非常关心自己肚子里的宝宝。凡是有期待的地方，AI 都能够创造商业价值。

她向我展示了腹中宝宝的照片，说："你看这张照片，宝宝真可爱，真像我。"虽然从照片中看不出具体的相似之处，但她坚信宝宝很像她。我对她说："我来帮你一个忙。"于是，我将这张四维图像上传到 Midjourney 平台上，生成了一张 AI 合成的宝宝图像。当我想到这个商业点子时，已经有许多人在做类似的生意了。9.9 元一张照片，卖出了 1 万单。这意味着仅通过这个简单的操作，就能够在几乎没有任何成本的情况下获得收益。唯一的成本就是 Midjourney 的年费，而生成图像只需输入一些指令即可。因此，贩卖期待是一个非常有潜力的商业模式。

此外，如果你的孩子已经 1 岁，你想看到他在 3 岁或 5 岁时的样子，能不能实现？当然可以，直接使用 AI 技术就可以生成未来的图像。

◉ 本章推荐书单

【1】书名:《学会提问（原书第 12 版）》

作者:［美］尼尔·布朗，斯图尔特·基利

出版社：机械工业出版社

出版时间：2021 年 9 月

【2】书名:《提问的艺术：为什么你该这样问》

作者:［美］安德鲁·索贝尔,［美］杰罗德·帕纳斯

出版社：中国人民大学出版社

出版时间：2023 年 2 月

【3】书名:《非暴力沟通》

作者:［美］马歇尔·卢森堡

出版社：华夏出版社

出版时间：2018 年 08 月

【4】书名:《思考，快与慢》

作者:［美］丹尼尔·卡尼曼

出版社：中信出版社

出版时间：2012 年 7 月

第 **6** 章

每个人都可以使用的 AI 工具箱

在人工智能快速发展的今天，AI 工具已经不再是科研人员的专属工具，而是每个人都可以使用的高效助手。本章将介绍若干国际和国内主流的 AI 工具，帮助你在日常工作和生活中提升效率。我们将深入分析百度的"文心一言"、阿里的"通义千问"、腾讯的 AI Lab、月之暗面的 Kimi 以及科大讯飞的 AI 平台，探讨这些工具的核心功能及应用场景。这一章不仅能为你提供实用的工具建议，还展示了 AI 在游戏、教育、医疗等领域的广泛应用与未来潜力。

6.1　国际上常用的 AI 工具

首先介绍 ChatGPT，它在生成文本、回答问题和进行对话方面堪称顶级，可以处理各种与文字和语言相关的任务。无论是撰写邮件、小说、报告，还是编写代码、翻译内容、创意写作，甚至市场营销和表格整理，都能通过 ChatGPT 实现。这款软件堪称万能的文字助手。

接下来介绍另一款工具——Google AI。Google 的 Workplace Copilot 有强大的功能，包括文档协作、日程管理和邮件自动回复。例如，你可以通过 Google Docs 生成报告，或者使用 Google Calendar 安排日程。这些工具使用起来非常顺手，一旦上手，你就会发现它们的高效与便捷。

第三个工具是微软最新推出的 Microsoft Copilot，其中直接嵌入了 Microsoft AI。它的功能涵盖了 Office 中的文档编辑、文字输入、数据分析和软件管理等。你可以利用 Microsoft Copilot 在 Excel 中分析并生成数据和图表，也可以在 Outlook 中自动回复邮件。这款工具，我特别推荐给大家使用，因为它的集成功能极大地提升了日常办公效率。

最后，我向大家推荐几款实用的 AI 工具。

第一款是 Midjourney，这款工具主要用于生成图片，其使用方式非常简单，只需在网上查找相关教程，并使用 "imagine" 的指令创造图像即可。Midjourney 特别适用于广告创意和艺术生成领域。当然，它的直接竞品是 Stable Diffusion，建议大家优先使用 Midjourney。

第二款是 DALL-E，这是一款由 OpenAI 开发的图像生成工具，尽管 DALL-E 生成的图像质量比 Midjourney 稍差一些，但它仍然是一个值得尝试的工具。

第三款是 Suno，一款专门用于音乐创作的 AI。我在多个场合高度评价过这款 AI，它能生成非常棒的原创音乐和音效，甚至只需敲击两下就可以为电影或广告生成配乐，这使其在音乐创作领域的表现非常出色。

还有一款 AI 视频编辑工具，叫 Runway，它能够直接生成视频，尽管目前生成的视频长度只能达到三秒左右，但这仍然是视频编辑领域的一个福音。此外，另一款视频生成工具 HeyGen 也非常强大，它可以通过输入文本生成数字人视频，效果非常出色。

最后，值得一提的是我们熟悉的剪映视频编辑工具，不要小看它。剪映的付费功能非常强大，特别是在数字人生成方面，只需要输入几行文字就能完成复杂的任务。

以上这些工具都非常值得一试，我建议大家在使用这些工具时养成深入思考的习惯，研究它们的使用方式和方法，这样才能最大化地发挥这些工具的潜力。

6.2　百度文心一言[②]：AI 对话的艺术

1. 文心一言的功能与应用

在众多 AI 对话系统中，百度的文心一言脱颖而出，成为一款备受关注的产品。文心一言是百度推出的一款智能对话系统。它的核心功能就是与用户进行自然语言的对话—也就是像人与人之间的交流那样，无论是回答问题、提供建议，还是进行娱乐性质的对话，文心一言都能够胜任。

---

② 2024 年 9 月已改名为"文小言"。

其实，如果你觉得 AI 对话只是娱乐聊天就错了，AI 对话系统的意义不仅在于它能帮助我们更方便地获取信息，还能大大提升各行业的工作效率。比如，客服机器人能够代替人工客服处理大量的简单问题，从而减轻企业的运营负担；在教育领域，AI 对话系统可以作为学生的智能助手，帮助他们解决学习中的疑难问题。

文心一言的核心技术依赖于大规模预训练模型。这类模型通过学习海量的文本数据，从中提取语言的模式和规律。简单来说，就是让 AI 从大量的书籍、文章、对话中"读书"，然后让它"记住"这些内容，这样它就可以在与人对话时，表现得更像一个真正懂得语言和语境的人。它的智能对话能力来源于其强大的自然语言处理（NLP）技术。NLP 是让机器理解和生成人类语言的核心技术，包括语义理解、情感分析、上下文为用户关联等。文心一言通过这些技术不仅能理解用户的问题，还能根据上下文为用户提供更相关、更准确的回答。

文心一言的另一个亮点是它的多领域知识储备功能。它不仅可以回答日常生活中的问题，还可以在专业领域（如科技、金融、法律等）提供相对准确的咨询服务。这使得它在不同的应用场景中都有不俗的表现。重要的是，它的中文语料库非常丰富，这是很多国际 AI 都没有的。

文心一言不仅能理解文字，还能生成自然流畅的语音。这项技术使得它在语音助手和智能设备中有了更广泛的应用，比如车载系统、智能音箱等。通过将文本转化为语音，文心一言能提供更自然的人机交互体验。

在这一部分，我们详细探讨了百度文心一言的技术背景和核心功能。这些技术让文心一言不仅能够进行基本的对话，还能够在更多元的场景中提供更智能的服务。接下来，我们将对比文心一言和 ChatGPT 的特点，探讨它们各自的优势与劣势。

2. 文心一言与 ChatGPT 的技术对比

在 AI 对话系统领域，百度的文心一言和 OpenAI 的 ChatGPT 都是人们备受关注的产品。尽管它们在某些方面功能相似，但在核心技术、应用场景和用户体验方面存在明显的差异。以下是这两款 AI 对话系统的详细对比情况。

（1）技术架构的差异。ChatGPT 是基于 OpenAI 开发的 GPT 系列模型，这是一种基于 Transformer 架构的大规模预训练语言模型。GPT 模型经过训练后，能够生成非常自然的文本，并且在开放式对话中表现出色。ChatGPT 的强项在于其丰富的语料库和高效的生成能力，特别是在处理复杂的语境和生成长篇回答时表现优异。

相比之下，文心一言采用了百度自主研发的"文心"大模型，该模型不仅关注语言生成，还强调多模态信息处理。这意味着文心一言不仅可以处理文本，还能够结合图像、视频等多种数据类型，提供更加综合的智能服务。例如，在一些多模态的应用场景中，文心一言能够通过结合视觉信息和语言信息提供更为精准的结果。

（2）语义理解与生成能力。在语义理解方面，ChatGPT 以其庞大的训练数据和复杂的模型架构，通常能够理解更复杂的问题并生成流畅的回答。这使得它在应对开放式问题和进行创意写作时具有明显优势。

文心一言在语义理解方面同样表现出色，特别是在中文语境下的表现尤为突出。这得益于百度在中文语料库上的积累，文心一言在处理与中文文化相关的内容时显得更加得心应手。此外，文心一言在一些具体领域的表现也相对较好，特别是在技术咨询和行业知识的问答中。

（3）多轮对话与上下文关联。两者在多轮对话的处理上有各自的优劣。ChatGPT 擅长保持上下文的一致性，能够在多轮对话中自然过渡，适合长时间的对话互动。然而，在某些情况下，ChatGPT 可能会由于模型的局限性而产生重复或不相关的回答。

文心一言在多轮对话中也表现良好。尤其是在中文多轮对话中，文心一言能够更准确地捕捉上下文信息，并提供更符合用户预期的回答。同时，文心一言在处理某些特定领域的连续对话时往往能给出更加专业的建议。

（4）用户体验与定制化。ChatGPT 的用户体验非常简洁和直观，用户可以轻松上手，并在各种场景下使用。不过，由于它是一款全球化的产品，某些时候在处理中文的本地化需求时，可能会出现一些不够准确的情况。

文心一言是专为中文用户量身打造的，在处理中文对话时更加精准。此外，文心一言可以根据用户的特定需求进行更深入的定制化服务，例如为企业提供定制化的知识库和行业解决方案，这在商业应用中非常实用。

（5）安全与隐私保护。在数据安全和隐私保护方面，ChatGPT 和文心一言都遵循了各自公司的隐私政策。ChatGPT 作为一个全球性平台，在隐私政策上采取了相对严格的措施。然而，由于其服务器大多位于国外，一些对数据安全有更高要求的用户可能对其存在顾虑。

文心一言则完全符合中国的本地法律法规，且服务器位于国内，这使得其在数据安全和合规性方面更具优势，尤其是对于中国本地企业用户来说，选择文心一言可能会更安心。

3. 技术优势与未来发展

文心一言在多领域的中文对话、知识问答和客户服务中表现优秀，未来 AI 对话技术的进一步发展将为用户带来更智能的对话体验。文心一言通过持续技术创新，将成为行业的中坚力量，满足更多领域的需求。

下表是对 ChatGPT 与文心一言的优势与劣势的总结。

ChatGPT 与文心一言的优劣势对比

	ChatGPT	文心一言
优势	（1）强大的语义理解与生成能力，适合处理复杂的对话和创意写作。 （2）多轮对话能力强，用户体验直观简洁	（1）中文处理能力强，适合中文用户使用。 （2）支持多模态信息处理，适用于更多元的场景。 （3）本地化定制服务，符合中国企业的需求
劣势	（1）中文处理有时不够本地化，可能导致回答不够精准。 （2）数据隐私可能成为国内用户的顾虑	（1）在生成长篇复杂文本时，可能不及 ChatGPT 流畅。 （2）海外应用和多语言支持相对较弱

其实，无论是文心一言还是 ChatGPT，都代表了 AI 对话技术的前沿，为我们带来了更加智能和便利的交流体验。

在未来，我们可以期待更多创新的 AI 技术不断涌现，这不仅会提升对话系统的智能水平，也将为更多领域带来颠覆性的变革。无论是个人用户还是企业机构，充分利用这些工具，将能够更好地应对未来的挑战，抓住机遇，迈向更智能的数字时代。

6.3 通义千问 ③：阿里巴巴的 AI 布局

1. 通义千问的功能与技术架构

近几年，阿里巴巴推出的"通义千问"也是 AI 中的佼佼者。通义千问与文心一言同为中文 AI 对话领域的领先者，但两者在技术实现和应用场景上各有侧重。通义千问依托阿里巴巴强大的数据资源和云计算能力，特别注重在电商、金融和客户服务领域的应用。而文心一言则在

---

③ 2024 年 5 月已改为"通义"。

知识问答和泛知识领域表现突出，百度在中文搜索和信息整合上的优势赋予了文心一言更强的知识获取能力。两者在处理中文语境时各有优劣：通义千问更侧重于实际应用的落地；文心一言则在知识广度和准确度上占有优势。

通义千问作为阿里巴巴 AI 布局中的关键一环，展现了多项核心功能，这些功能不仅提升了用户的交互体验，也推动了 AI 在实际场景中的应用。

首先，通义千问在语义理解与生成方面表现出色。它不仅能够理解复杂的中文语句，还能够生成符合语境的自然语言回复。这种能力得益于阿里巴巴强大的自然语言处理技术和庞大的中文语料库。通义千问能够处理多轮对话，理解上下文，并生成连贯且贴近人类表达的回应。

其次，在多模态处理方面，通义千问不仅支持文本对话，还可以处理多种模态输入，如图片、语音等。用户可以上传图片，通义千问能够识别图片内容，并根据图片信息生成相应的文本描述或回答问题。多模态处理使通义千问能够在更多元的场景中发挥作用，从而提升用户体验。

再次，通义千问特别注重场景化应用，尤其在电商和金融领域表现突出。在电商领域，通义千问可以为用户提供精准的商品推荐、客服咨询、订单查询等服务；在金融领域，它能够辅助客户完成风险评估、理财规划等任务。这种场景化的深度应用使通义千问能够真正融入用户的日常生活，成为一个可靠的助手。

通义千问的另一个显著功能是个性化定制，它可以根据用户的历史对话、偏好和需求，调整其对话风格和内容。这种定制化功能不仅提高了用户满意度，也增强了用户对 AI 助手的依赖感，使得通义千问能够更好地服务于个体。

最后，通义千问基于阿里巴巴强大的深度学习算法和大数据分析能力，能够从海量数据中提取有用的信息，并将这些信息用于优化对话模型。这种深度学习能力不仅提升了通义千问的理解和生成水平，还使其能够持续进化，变得越来越智能。

通义千问的技术架构以深度学习和大数据为核心，结合自然语言处理、多模态学习和强化学习等前沿技术。具体来说，通义千问的架构分为以下几个主要部分。

（1）自然语言处理模块。自然语言处理模块是通义千问能够理解和生成自然语言对话的基础。该模块通过分析用户输入的文本，提取关键信息，进行语义解析，并生成相应的文本输出。通义千问采用了最新的Transformer架构，使其在处理复杂语义和多轮对话时表现出色。

（2）多模态学习模块。这一模块使通义千问能够处理多种模态的输入，如文本、图片和语音。通过多模态学习，通义千问不仅能够理解和生成文本对话，还能识别图片中的内容，并根据图像生成相关的文本描述或回答问题。这使得通义千问在应用场景中更具灵活性和适应性。

（3）深度学习与强化学习模块。通义千问依赖深度学习和强化学习技术，不断优化其对话模型。深度学习帮助系统从大量数据中学习模式，而强化学习则通过模拟用户交互，不断提高系统的响应质量和用户体验。

（4）大数据分析与处理模块。阿里巴巴强大的大数据分析能力为通义千问提供了丰富的训练数据，使其能够在各种场景中进行准确预测和决策。通过大数据处理，通义千问能够更好地理解用户需求，提供更个性化的服务。

2. 通义千问在电商与金融领域的应用

（1）电商场景。在阿里巴巴的电商平台中，通义千问可以通过分析用户的购物历史和行为，提供个性化的商品推荐和精准的客户服务，从而提升用户的购物体验。

（2）金融服务。在金融领域，通义千问可以帮助用户理解复杂的金融产品，提供投资建议，甚至进行智能投顾，这些功能显著提升了金融服务的效率和精准性。

（3）客户服务。通过与阿里巴巴生态系统的深度整合，通义千问能够在客户服务场景中提供全天候的智能响应，解决用户的各种疑问，并提升客户满意度。

未来，通义千问在阿里巴巴的 AI 战略中将扮演越来越重要的角色。随着技术的不断进步和数据量的持续增加，通义千问有望在更多的应用场景中得到广泛应用，并进一步提升其智能化水平。

通义千问不仅是阿里巴巴在 AI 领域的一次技术创新，更是其构建智能生态系统的重要一步。在未来，通义千问将继续通过技术升级和创新来推动 AI 在更多领域的落地应用。

6.4　腾讯 AI Lab：AI 在游戏与娱乐中的应用

1. 腾讯 AI Lab 的 AI 创新

腾讯 AI Lab 成立于 2016 年，致力于在人工智能领域进行前沿研究与应用开发。作为腾讯科技生态的重要组成部分，腾讯 AI Lab 不仅专注于技术创新，还将其研究成果广泛应用于公司的核心业务，特别是在游戏和娱乐领域。腾讯作为全球最大的游戏公司之一，其 AI 实验室自然承担着推动这一领域革新的重任。

在当今的数字娱乐时代，游戏不仅是消遣和娱乐，更是推动技术进步的前沿阵地。腾讯 AI Lab 通过引入人工智能技术极大地增强了游戏的互动性和玩家体验。例如，AI 不仅在提升游戏画质和运行效率方面发挥了重要作用，还通过智能 NPC（非玩家角色）和实时个性化推荐系统，让游戏更加贴合玩家的个人喜好。

腾讯 AI Lab 在游戏与娱乐领域的应用可以说是颠覆性的。通过深度学习、自然语言处理和计算机视觉等技术，腾讯 AI Lab 不仅提升了游戏的技术水平，还极大地丰富了游戏内容的多样性和互动性。

腾讯 AI Lab 开发的智能 NPC 通过先进的 AI 算法，让这些角色能够更真实地模拟人类行为。玩家在与这些 NPC 互动时，会感觉到 NPC 不再是简单的预设程序，而是一个"活生生"的对手或伙伴。智能 NPC 能够根据玩家的行为做出即时反应，甚至学习玩家的策略，不断调整自己的行为模式，使游戏过程更具挑战性和趣味性。比如，腾讯旗下的《王者荣耀》就采用了 AI 技术提升 NPC 的智能水平。通过 AI，游戏中的对手可以根据玩家的实时操作做出灵活的应对措施。比如，当你在游戏中与一个 AI 对手交战时，AI 会根据你使用的技能和策略调整它的攻击方式，而不仅仅是执行预设的行为模式。这种智能行为使得对战过程更加真实和富有挑战性。

2. AI 在游戏推荐与图像处理中的应用

在游戏市场竞争日益激烈的今天，个性化推荐已经成为提升用户体验的关键。腾讯 AI Lab 利用大数据分析和机器学习技术为玩家提供个性化的游戏推荐。这些推荐系统通过分析玩家的历史游戏行为、兴趣偏好等数据，精准预测玩家可能喜欢的游戏内容，从而提升玩家的满意度和游戏时长。腾讯的腾讯视频与 QQ 音乐等平台已经广泛应用了个性化推荐技术。同样地，在游戏推荐方面，腾讯的游戏平台根据玩家的历史游戏记录、喜好和操作习惯，推荐其可能感兴趣的新游戏。例如，喜欢策略游戏的玩家可能会收到《英雄联盟》的推荐，而喜欢休闲类游戏的玩家则可能会被推荐玩《欢乐斗地主》。

AI 在图像处理和计算方面的能力也大大提升了游戏的画质和性能。腾讯 AI Lab 通过 AI 技术优化了游戏画面渲染的效率，使得游戏能够在不同的设备上流畅运行。此外，AI 还帮助开发者在游戏开发过程中更快速地处理复杂的图像与动画，从而缩短了开发周期。《天涯明月刀》这款游戏在图形处理上采用了 AI 技术，提升了画面渲染的效率，使得游戏在不同设备上都能高质量运行。AI 技术不仅优化了游戏的加载速度，还让游戏中的风景更加细腻逼真，玩家可以在游戏中享受到更为沉浸的视觉体验。

3. AI 在语音交互与游戏安全中的应用

另一个重要应用是 AI 在语音识别和情感分析中的运用。腾讯 AI Lab 开发的语音交互系统可以实时分析玩家的语音指令，并根据玩家的语气和情感做出适应性的反应。通过这些技术，游戏可以更加贴合玩家的心理状态，提供更为个性化的游戏体验。在《QQ 炫舞》游戏中，腾讯 AI Lab 开发的实时语音识别技术可以分析玩家的语音指令，并识别出玩家的情感变化。如果玩家在语音聊天中表现出愉悦或愤怒的情绪，AI 系统能够调整游戏的反馈和互动方式，提供更加个性化的游戏体验。这种技术应用让游戏中的互动变得更加生动和人性化。

在游戏与娱乐领域，腾讯 AI Lab 的技术应用不仅限于游戏的开发和优化，还扩展到了多个相关领域，进一步提升了用户体验和行业标准。

（1）游戏画质与性能优化的深度应用。腾讯 AI Lab 在游戏画质优化方面的研究为业界树立了新的标杆。例如，《天涯明月刀》在图形渲染方面采用了先进的 AI 算法，使得游戏的画质在各种硬件条件下都得到了最大程度的提升。通过机器学习技术，AI 可以实时调整游戏画面的渲染质量，以确保游戏即使在低配设备上也能流畅运行。这不仅改善了玩家的视觉体验，还减少了硬件对游戏运行的压力。

（2）跨平台的无缝体验。腾讯 AI Lab 的另一项创新是通过 AI 技术实现了跨平台游戏体验的无缝衔接。玩家可以在手机、平板电脑和 PC 等不同设备之间无缝切换，而不影响游戏的流畅性。这一技术得益于 AI 对玩家操作习惯的学习和数据同步技术的优化，使得游戏在各个平台上的表现都保持了一致性。

（3）游戏安全与反作弊系统。在游戏的公平性与安全性方面，腾讯 AI Lab 也发挥了重要作用。例如，在《和平精英》这类竞技游戏中，AI 技术被用于实时监控和分析玩家行为，识别并阻止作弊行为。通过对游戏数据的实时分析，AI 可以迅速检测出异常操作，如非正常的瞄准或移动轨迹，从而及时对作弊玩家进行处理。这种智能反作弊系统不仅提升了游戏的公平性，还增强了玩家对游戏环境的信任感。

深圳卫视曾让我谈谈人工智能对游戏的改变。我认为：腾讯 AI Lab 不仅在游戏与娱乐领域展示了 AI 的无限可能性，还在全球范围内建立了新的技术标准。通过在游戏开发、性能优化、跨平台体验和游戏安全等方面的创新，腾讯 AI Lab 将 AI 技术的优势发挥到了极致，成功地为玩家带来了更加丰富、沉浸和公平的游戏体验。

随着 AI 技术的进一步发展，腾讯 AI Lab 有望继续引领游戏与娱乐行业的创新，为全球数以亿计的用户创造更加奇妙的数字世界。无论是游戏爱好者还是技术开发者，都将在这一变革中受益，从而推动整个行业迈向新的高峰。

6.5 月之暗面：Kimi 的发展史

1. Kimi 的崛起与技术优势

Kimi 的发展要从其创始人杨植麟的故事讲起。

杨植麟是一位在清华大学获得学士学位，在美国卡内基梅隆大学获得计算机科学博士学位的学者。他不仅具有深厚的学术背景，还在 AI 领域拥有丰富的研究经验。2023 年 3 月，他在北京创立了 Moonshot AI，旨在推动人工智能技术的发展。Moonshot AI 的旗舰产品 Kimi 便是他和他的团队共同开发的，专注于处理和生成大量的中文文本。

Kimi 的研发初期，团队面临着许多技术挑战，尤其是在自然语言处理领域处理长文本输入时。杨植麟认为，扩大语言模型的上下文窗口对于 AI 模型的未来发展至关重要。因此，Moonshot AI 不断改进 Kimi，使其能够处理高达 200 万字的中文输入，从而显著提升了其理解和分析长文本的能力。

Kimi 是 Moonshot AI 推出的一款强大的中文文本处理 AI，具备处理长文本的能力，并在教育、金融、医疗等领域表现出色。Kimi 凭借在中文自然语言处理方面的独特优势，迅速成为中国 AI 市场的强大竞争者。

2. Kimi 的多领域应用与技术创新

Kimi 不仅仅是一个聊天机器人。它背后是一个拥有百亿参数的大语言模型（LLM），这使得它在面对复杂任务时能够提供如医疗建议、法律文件分析等多样化的解决方案。Moonshot AI 的这一创新迅速引起了广泛关注，并在短时间内获得了包括阿里巴巴在内的巨额投资。

自 2023 年发布以来，Kimi 迅速成为中国 AI 市场的一匹黑马。凭借强大的中文处理能力和创新性功能，Kimi 在短时间内吸引了大量用户和企业客户。Moonshot AI 的战略布局使得 Kimi 在多个领域崭露头角，尤其是在教育、金融、医疗等领域。

在教育领域，Kimi 被广泛应用于在线学习平台和知识问答系统。它能够处理和生成高质量的中文文本，使得学习内容的定制化成为可能。例如，在一些在线教育平台上，Kimi 被用来生成个性化的学习计划和复习材料，从而帮助学生更好地准备考试。此外，Kimi 还能通过自然语言处理技术提供即时的答案和解释，大大提升了学生的学习效率。

在金融领域，Kimi 因其强大的文本分析能力被应用于金融市场分析和风险管理。许多金融机构利用 Kimi 进行市场情报分析，从而做出更为精确的投资决策。Kimi 能够实时分析大量的市场数据，预测市场趋势，并生成详细的分析报告。这一功能极大地提升了金融行业的决策效率，也使得 Kimi 成为许多金融机构不可或缺的工具。

Kimi 在医疗领域的应用也引起了广泛关注。它能够处理海量的医疗文献和数据，帮助医生和研究人员快速找到所需的信息。例如，在药物研发过程中，Kimi 被用于分析临床试验数据，从而加速药物研发的进程。这一应用不仅节省了大量的时间和成本，还提高了医疗研究的准确性和可靠性。

在激烈的市场竞争中，Kimi 凭借其独特的技术优势和市场定位，成功地站稳了脚跟。杨植麟和他的团队不断进行技术升级，确保 Kimi

在处理长文本和多领域应用中的领先地位。他们还积极扩展 Kimi 的功能，将其应用领域从传统的文本处理扩展到图像生成、语音识别等更广泛的领域。

Kimi 的发展历程展示了 AI 技术在实际应用中的巨大潜力，也为未来的技术创新指明了方向。Moonshot AI 的成功经验表明，在 AI 领域，持续的技术创新和敏锐的市场嗅觉是取得成功的关键。未来，Kimi 有望在更多的领域中展现其强大的能力，成为 AI 行业不可忽视的力量。

3. 未来展望与技术突破

Kimi 不仅将在现有的市场上持续发力，还将在更多新兴领域中深耕。随着人工智能技术的不断进步，Kimi 的开发团队已经制订了雄心勃勃的计划，旨在进一步优化其语言处理能力，并拓展其在多模态 AI 领域的应用。这意味着 Kimi 未来可能不仅限于文字和语音处理，还将在图像、视频以及虚拟现实等领域中展现其能力。

Moonshot AI 正积极与各大高校和研究机构合作，推动 Kimi 在自然语言理解和生成上的突破。通过与顶尖研究人员的合作，Kimi 团队正在开发更加智能和人性化的对话系统，使 Kimi 在处理复杂对话和理解上下文方面更加出色。此外，Kimi 团队还计划推出一系列新功能，包括实时语音翻译、多语言支持以及更精准的情感分析系统，以满足全球市场的多样化需求。现在 Kimi 的算力依旧是一个大问题，不过，我还是对他们的未来充满期待。

Kimi 的崛起不仅展示了中国在 AI 技术领域的强大实力，也预示了未来 AI 技术在各个领域的广泛应用。杨植麟和他的团队通过坚持不懈的努力，将 Kimi 从一个新兴产品打造成了市场中的重要玩家。

6.6　科大讯飞 AI 开放平台：语音技术的行业应用

1. 科大讯飞的语音技术及其应用

这款国产 AI 属于科大讯飞。我充了这款 AI 的会员，并且买了其公司的硬件，甚至还想买其公司的股票。有了它，我再也不用一个字一个字地写了，我可以想到什么录什么，然后转换成文字，这个过程让我的工作效率至少提升了十倍。

科大讯飞（iFLYTEK）作为中国领先的人工智能企业，其 AI 开放平台已经成为语音技术领域的标杆。凭借着强大的语音识别、语音合成、自然语言处理等技术，科大讯飞在多个行业中展现了其深远的影响力。语音技术不仅改变了人与机器的互动方式，更被深入应用于教育、医疗、客服等关键领域。本书将深入探讨科大讯飞 AI 开放平台的发展、功能及其在不同行业中的广泛应用。

科大讯飞 AI 开放平台汇集了语音识别、语音合成、自然语言处理等一系列核心技术，为开发者提供了丰富的 API 和工具。其语音识别技术能够精准地将语音转换为文本，语音合成则可以将文本生成流畅自然的语音，这些技术极大地推动了智能语音应用的发展。此外，科大讯飞还开放了智能语音助手、机器翻译等功能，使得开发者能够轻松创建智能化的应用程序。

平台的用户覆盖范围广泛，涵盖教育、医疗、金融等多个行业，并且在中文语音识别的精准度上具有独特的优势，尤其在方言识别、多轮对话等复杂场景中表现突出。通过与不同领域的结合，科大讯飞 AI 开放平台展示了其强大的技术实力和广泛的应用前景。

2. 科大讯飞在教育与医疗领域的应用

在教育领域，科大讯飞的语音技术展现出了巨大的潜力。智能语音助手不仅能够辅助课堂教学，还能够为学生提供个性化的学习建议。例如，通过语音识别技术，老师可以即时获取学生的学习进度，有针对性地调整教学内容。此外，科大讯飞的自适应学习系统能够分析学生的学习习惯，提供个性化的练习和反馈，从而提高学习效率。

在医疗领域，语音技术的应用同样不可忽视。科大讯飞的语音识别技术已被广泛应用于医疗记录的自动生成，极大地减轻了医生的工作负担。在远程医疗中，语音交互技术更是发挥了关键作用，医生可以通过语音系统与患者进行实时沟通，并进行初步的病情诊断和建议。这种无缝的语音交互既提高了诊疗的效率，也为偏远地区的患者提供了更为便捷的医疗服务。

在客服行业，智能语音技术正在重新定义客户服务的标准。通过科大讯飞的语音交互系统，企业可以搭建更加智能、响应速度更快的客服系统。例如，智能语音客服可以 24 小时在线解答客户的疑问，并根据客户的语音指令快速处理相关事务，这不仅提高了客户满意度，也降低了企业的运营成本。

3. 未来目标与市场展望

与其他语音技术平台如谷歌、亚马逊相比，科大讯飞在中文语音识别和处理方面具有独特的优势。其技术专注于中文语言环境的复杂性，能够更好地识别方言、处理多轮对话，且在教育和医疗领域的应用更具针对性。

此外，科大讯飞在语音交互技术方面一直在推进创新，并逐渐从跟随者变成了引领者。科大讯飞不仅在国内市场积极布局，还在国际市场上持续发力，旨在为全球用户提供更加智能和便捷的语音解决方案。

◎　**本章推荐书单**

【1】书名：《TensorFlow 深度学习——深入理解人工智能算法设计》

作者：龙良曲

出版社：清华大学出版社

出版时间：2020 年 8 月

【2】书名：《Python 人工智能》

作者：杨博雄

出版社：清华大学出版社

出版时间：2021 年 3 月

【3】书名：《数据密集型应用系统设计》

作者：［美］马丁·克莱普曼

出版社：中国电力出版社

出版时间：2018 年 9 月

第1章

触摸中国 AI 发展的新动脉

本章将聚焦中国在全球 AI 领域的崛起与挑战，深入探讨 AI 技术在中国各行业的实际应用及其对社会的深远影响。本章首先分析中国在国际合作中的成绩与挑战，接着展示中国企业如何通过创新将 AI 技术应用于物流、语音识别等领域，推动行业变革。此外，本章还探讨了 AI 技术对底层劳动者的冲击，揭示了快速发展的 AI 技术可能带来的社会不平等问题，呼吁引起社会更多的关注和思考。

7.1　中国 AI 的全球版图：合作与挑战

1. 全球 AI 合作的背景

中国在全球 AI 领域的崛起依托于庞大的数据资源、政府的支持和国内科技企业的创新能力。特别是在国际合作方面，中国通过与全球领先的科技公司展开深入合作，共同推动 AI 技术的发展。

中国在全球 AI 领域的崛起无疑是 21 世纪最显著的技术发展之一。随着科技的进步和国际合作的深入，中国在 AI 技术的研究、应用和产业化方面取得了显著的成就。本书将探讨中国在全球 AI 版图中的角色，尤其是其在国际合作与挑战中的定位。

中国的 AI 发展得益于多方面的因素，包括庞大的数据资源、政府的大力支持以及国内科技公司的创新能力。中国拥有全球最多的互联网用户，这为 AI 的开发提供了丰富的数据来源。此外，中国政府在多项政策中明确表示，AI 是国家未来发展的重点方向。例如，《新一代人工智能发展规划》明确提出，到 2030 年将中国打造成全球 AI 创新中心。

近年来，中国科技公司如百度、阿里巴巴、腾讯（简称 BAT），以及新兴企业如字节跳动、商汤科技等，在 AI 领域取得了显著的成果。例如，百度的自动驾驶技术，阿里巴巴的 AI 在电商中的应用，腾讯在游戏和社交媒体中 AI 的开发，都展现了中国在 AI 应用领域的多样化和深度。然而，中国 AI 的崛起不仅证明其在国内市场的成功，也说明其在全球市场上也逐渐产生重要影响。

中国在全球 AI 版图中扮演着日益重要的角色，特别是在国际合作方面。作为全球 AI 研究的主要参与者，中国不仅通过与西方国家的科研机构和科技公司合作促进技术交流与创新，还通过"一带一路"倡议和亚非拉国家的合作，推动 AI 技术在发展中国家的应用。

2. 中美科技竞争的挑战

随着中美科技竞争的加剧，尤其是在 AI 伦理、数据隐私等问题上的分歧，中国的国际合作面临新的挑战。美国的限制措施削弱了中国在 AI 技术出口和国际合作中的话语权。

中国在 AI 技术出口和国际市场开拓方面取得了显著进展。特别是在东南亚、非洲和拉丁美洲等新兴市场，中国的 AI 产品和解决方案受到了广泛欢迎。华为的 AI 芯片、阿里巴巴的云计算服务，以及腾讯的 AI 医疗解决方案在这些地区都取得了成功。

此外，中国的 AI 企业还通过并购和投资的方式，扩展在全球市场的影响力。例如，字节跳动通过收购 Musical.ly（即后来的 TikTok），迅速占领了全球短视频市场。通过这些国际化的努力，中国的 AI 技术不仅被视为高性价比的选择，还成为许多国家发展数字经济的重要推动力。

然而，中国的国际合作也面临挑战。中美科技竞争日益加剧，美国对中国科技公司的限制措施，以及双方在 AI 伦理和数据隐私等问题上的分歧，都是中国在全球 AI 合作中面临的现实问题。这些挑战可能影响中国在国际 AI 合作中的话语权和领导地位。在美国的严厉制裁下，中国的挑战必然是更多的。

在斯坦福大学的一次演讲中，谷歌前 CEO 施密特还谈到了人工智能在军事领域的应用，明确表示 AI 技术在未来的战争中将发挥至关重要的作用。他举例说明了未来战争的趋势：通过 AI 技术实现的精准打击能够在减少平民伤亡的同时，给敌方造成巨大的打击。这种技术的发展让传统战争模式发生了翻天覆地的变化，施密特认为，美国在这方面已经取得了显著优势。

此外，施密特还提到了中美在人工智能领域的竞争。他分析，资本的流动、人才的流失以及技术的垄断性，都是中国面临的重大挑战。他特别提到，美国在芯片制造领域的制裁将对中国造成长期影响，而这也让中国在 5 纳米以下的芯片技术发展上明显落后于美国。

值得一提的是，施密特在演讲中还鼓励斯坦福的学生要具备"多能一专"的能力，强调了在现代科技公司中，单一技能的人才将面临淘汰的风险。他举例说，谷歌现在更倾向于招募那些具备综合能力、能够进行商业化思考并与社会资源接轨的人才，而不仅仅是技术专家。

施密特在非公开场合所说的这些"实话"，无疑为我们提供了一个更为真实的视角，让我们看到在繁荣表面背后，那些真正决定全球科技未来走向的关键因素。

3. 中国在全球 AI 版图中的角色

展望未来，中国在全球 AI 版图中的角色将更加重要。尽管面临诸多挑战，但中国凭借庞大的市场、强大的研发能力以及政府的大力支持，具备在全球 AI 技术竞争中取得领先地位的潜力。

在技术方面，中国的 AI 公司正在加大研发投入，特别是在自动驾驶、智能制造、医疗健康和智能城市等领域。随着 5G 技术的普及，AI 与物联网的深度融合也将为中国带来新的机遇。未来几年，随着 AI 算法的进一步优化和 AI 芯片的不断发展，中国有望在 AI 应用的广度和深度上取得更大的突破。

与此同时，中国在 AI 伦理和数据隐私保护方面也正在逐步构建完善的规范体系。中国政府已开始制定相关法律法规，确保 AI 技术的发展符合社会道德标准和法律要求。这不仅有助于提升中国 AI 技术在国际市场上的竞争力，也为全球 AI 伦理规范的制定提供了中国方案。

此外，中国还将继续通过"一带一路"倡议等国际合作平台，推动 AI 技术在全球范围内的普及。通过与发展中国家的合作，中国不仅能够拓展 AI 技术的国际市场，也能为全球 AI 技术的公平发展贡献力量。

总的来说，尽管中国在 AI 领域面临一些挑战，特别是在国际竞争和合作中，但对其未来发展前景依然充满希望。中国在全球 AI 版图中的地位将进一步提升，成为全球 AI 技术创新和应用的核心力量之一。

7.2　中国企业的 AI 创新应用

1. AI 在物流行业的创新应用

中国企业在物流领域通过 AI 技术优化了快递、仓储和供应链管理。智能机器人、无人机、AI 配送系统的应用极大提升了物流效率，降低了运营成本。

在快递和配送方面，AI 帮助公司更好地规划包裹的配送路线。菜鸟网络的 AI 系统能够在几秒钟内为数百万包裹找到最佳路线，不仅考虑地理位置，还能实时分析交通和天气情况，大大提高了效率。京东物流则在偏远地区使用无人机和自动驾驶配送车解决了配送难题。

在仓储方面，AI 也有很大作用。顺丰和京东已经在仓库中使用智能机器人和 AI 管理系统。这些系统可以自动进行入库、出库和库存管理，减少了人力成本和出错的可能性。京东的"亚洲一号"智能仓库就是一个全天候运作的仓储中心，它的订单处理效率和准确性大幅提升。

在供应链管理上，AI 同样扮演了重要角色。通过大数据分析和机器学习，企业可以更准确地预测市场需求，优化库存，避免库存过剩或短缺。像海尔的 COSMOPlat 平台，就是一个通过 AI 技术实时监控供应链各个环节的例子，该平台从原材料采购到产品交付，全程实现智能化管理，极大地提升了行业的智能化水平。

2. AI 技术在其他领域的革新

在 AI 领域，中国企业在其他多个行业中也展示了强大的创新能力。让我们来看看这些企业是如何将 AI 技术应用到更多实际场景中的。

首先，在金融行业，许多中国企业已经将 AI 技术应用于风险控制、欺诈检测和个性化服务等方面。例如，蚂蚁金服通过 AI 技术分析用户的信用风险，帮助银行和其他金融机构更好地做出贷款决策。它们的 AI 系统能够快速处理海量数据，并进行深度学习，从而预测用户的信用。这不仅提高了金融服务的效率，还降低了金融机构的风险。

其次，在制造业，AI 的应用同样令人瞩目。中国的制造企业已经开始使用 AI 技术优化生产流程、减少能源消耗和提高产品质量。比如，美的集团已经在多个生产基地引入了 AI 驱动的自动化生产线，通过机器学习和数据分析实时监控生产过程，及时调整生产参数，以确保产品的高质量和低成本。

再次，AI 技术在零售行业的应用也在迅速发展。通过对消费者行为的分析，企业能够提供更加个性化的购物体验。京东和阿里巴巴等电商巨头通过 AI 算法为每位用户推荐个性化的产品，并且通过智能仓储和配送系统大大提高了商品的流转效率。

最后，在智能交通领域，AI 技术也在助力中国企业推进无人驾驶技术的发展。百度 Apollo 平台已经在多个城市进行无人驾驶汽车的测试，致力于将其商业化应用推广到更大范围。这些无人驾驶汽车依靠 AI 算法感知环境、规划路径和做出驾驶决策，使得无人驾驶汽车离我们的日常生活越来越近。

3. 中国企业在 AI 领域的新实践

中国企业在 AI 领域的实践不仅限于几个行业，它们正在全面扩展，利用 AI 技术提升效率、降低成本并开创新的业务模式。这些创新实践正逐渐改变各行各业的面貌，推动中国成为全球 AI 发展的重要力量。

（1）智能家居。在智能家居领域，AI 技术已经融入日常生活的各个角落。华为、小米等公司通过智能助手和 IoT（物联网）技术，将家庭中的各类设备连接起来，形成一个互联互通的生态系统。这些系统能够根据用户的习惯和偏好，自动调整家居环境，如温度、光线，甚至音乐播放等，为用户提供更加个性化的居家体验。

（2）医疗健康。中国的 AI 技术在医疗健康领域也显示出巨大潜力。平安好医生和微医等公司开发了智能诊断系统，这些系统利用 AI 进行疾病预测和健康管理，通过分析患者的病历数据、基因信息等，为医生提供更精准的诊断建议。此外，这些平台还能够为用户提供在线咨询、健康管理建议以及个性化的医疗方案，极大地方便了医疗服务的普及。

（3）农业科技。在农业领域，AI 技术同样发挥着重要作用。阿里巴巴的"ET 农业大脑"通过大数据和 AI 技术，帮助农民进行智能化的农作物种植管理。这包括土壤监测、病虫害防治以及精准施肥等。通过

AI 系统的实时监控与预测，农民可以在最佳时机进行农作物管理，从而提高产量和质量，减少资源浪费。

这些 AI 创新不仅改变了传统行业的运营方式，还带来了全新的商业机会。随着 AI 技术的不断成熟和应用领域的扩展，中国企业在全球 AI 版图中的地位将更加稳固。未来，随着技术的进一步发展，中国企业将继续在 AI 的探索和应用方面走在前列，引领全球创新潮流。

7.3 AI 大发展对劳动就业的重要影响

1. 科技进步对底层劳动者的冲击

在我们拥抱 AI 时代的同时，我必须提出一个重要的警告：AI 时代的发展对社会底层人群的冲击是极为严峻的，其严重程度远超我们所能想象的。在美国，已经有一些工会开始对 AI 的迅速发展采取制衡措施。资本高速发展背后，往往伴随着无数家庭梦想的覆灭。

想一想，现在那些开网约车、送外卖的劳动者，尤其是男性，其中有不少是曾经的大厂员工，他们当年拿着不菲的薪水，原以为这份工作可以稳定一生。可是，当他们被裁员后，为什么选择去做这些底层的工作？答案很简单，他们真的没有其他选择了。这是他们最后一丝自尊的支撑，而当这一丝尊严被撕裂时，我们必须具备一定的社会制度和社会福利来扶持他们。

2. 平台资本主义时代的劳动危机

结合今天探讨的主题，我想向大家推荐一本书，这本书的英文名为 *Work Without the Worker*，由菲尔·琼斯教授撰写。它的副标题是 "*Labour in the Age of Platform Capitalism*"（平台资本主义时代的劳动力）。

这本书深入探讨了现代工作环境中劳动者与自动化技术之间的关系。

在当前的时代，我们常会听到这样一句话——"×××被困在了算法里"，其实，更准确的说法应该是"被困在了资本里"。作者在 *Work Without the Worker* 这本书中深入地探讨了这一现象。书中探讨了在平台资本主义化的时代背景下，劳动力与劳动者的定义如何被重新塑造。劳动者如今面临的困境，在于他们被逐渐边缘化了，而机器与自动化在劳动市场占据了越来越重要的地位。

这本书以一种强烈的批判视角揭示了当前劳动市场中的不公平和矛盾，尤其是在平台资本主义的运作模式下，劳动者的处境越发艰难。阅读这本书后，你会感受到一种强烈的震撼：它不仅直面问题，还引导你进行深刻反思。这本书毫不避讳地揭示了现状，让我们认识到这些问题的严重性。

在这本书中，作者还探讨了平台为劳动者制定的规则是否公平。例如，一个司机的工作时长和收入都是由平台规定的，但这些规则真的合理吗？这实际上是我们必须深思的问题。

3. 无人驾驶与 AI 技术对就业的威胁

为了更好地理解这一点，我们可以联想到最近的一个新闻：武汉率先投放了 1000 辆无人驾驶汽车。这一举措在社会上引起了轩然大波，许多自媒体纷纷评论："生活还有什么意义？还能怎么生活？"这种担忧并非毫无根据的，因为很明显，人工智能的发展首先冲击的就是底层劳动者的工作。

我的朋友经常问我："你不是一个科技爱好者吗？既然如此，你怎么看待这些新兴技术的发展？"我的立场非常明确：任何科技的目标和初衷都是帮助人类。如果科技开始伤害人，无论是从哪个层面，甚至是抢走他人的工作，我认为这是错误的。我坚信机器和人工智能的发展绝不能以牺牲部分人，尤其是底层人的生活为代价。

4. 科技发展与社会福祉的冲突

科技存在的意义在于使人们的生活更好，而不是剥夺人类赖以生存的机会。如果人工智能的发展最终导致社会动荡，加剧马太效应，甚至让底层人民陷入困境，那这种科技发展，我认为是不值得推崇的。

硅谷许多公司的发展速度非常快，但人们也在反思。比如，OpenAI成立了一个超级对齐部门，每天都在研究：如果 GPT-5 的智商变得更高，会不会最终替代人类？会不会让人类不再重要？很多时候发展只是为了发展，从未考虑过底层人的处境，这不能不引发我们的深思。

Work Without the Worker 这本书中提到的案例极具震撼力，其中的故事尤其值得深思。书中开篇就讲述了一个在欧洲历史上非常著名的事件，这个事件具有深远的象征意义。在欧洲文艺复兴时期，各种机械装置开始流行，比如能够模仿鸟类飞行的精巧机械。在 1770 年，一位发明家创造了一个外观逼真的木偶机器人，它的特别之处在于能够自动下棋，棋艺高超。这个机器人曾与众多名人对弈，包括本杰明·富兰克林和腓特烈大帝，并在棋局中屡次获胜。这一发明引发了广泛关注，各大媒体也竞相报道，甚至留存有照片。

然而，1854 年的一场大火改变了一切。当时，这个机器人正在进行棋赛，火灾驱散了所有观众，而这个木偶机器人也在大火中受损。令人震惊的是，当机器人被拆开时，人们发现其中竟然藏有一名真人——真正的棋手。原来，所有棋局背后，一直有多名棋手以不同的方式操控着木偶，使之在棋局中获胜。这一发现揭示了机械背后的真相：所谓的"智能"其实依赖于隐藏在人造机器中的人类操作。

这个故事带给我们一个重要的启示，即所有人工智能和高科技的背后，都有默默无闻付出的人。我们今天所看到的美团外卖、Uber、滴滴、Airbnb 等科技公司，背后都有一个群体在默默付出。从 OpenAI 到苹果、谷歌、微软，无论是顶尖科技公司还是创业公司，背后都有来自发展中国家，甚至是底层国家的劳动者，他们承担着最艰苦的工作，为高科技的运转提供了基础支撑。这些"隐形的手"正是现代科技得以发展的关键力量。

书中的另一个例子提到了人工智能 Siri。我们现在常常感叹 Siri 的智能化表现，但事实上，为了训练 Siri 能够准确识别和响应不同口音、性别和年龄的语音命令，需要大量的数据积累。这些数据从何而来？为了获取这些训练数据，公司通常会将工作外包给一些第三方公司，而这些公司则将任务转交给发展中国家或底层国家的劳工，这些劳工以极低的报酬参与其中。

在这种环境下，劳动者往往以极低的时薪承担着繁重的工作任务。书中将这些劳动形态称为"微工资、微任务、微时间、微技能、微保障"，这些"微"元素的累积造就了所谓的"微工人"。例如，有些任务被外包给土耳其的工人，这些工人的时薪中位数仅为不到 2 美元，尽管报酬微薄，但他们别无选择。更为严重的是，为了进一步降低成本，一些公司甚至将项目外包给监狱中的囚犯或难民营中的难民，因为这些人的报酬更低，几美分的时薪就足以使他们为企业工作。

2018 年，75% 的自动驾驶数据标记工作由委内瑞拉的囚犯完成，这些囚犯的时薪不到 1 美元。到了 2020 年，绝大部分自动驾驶数据标记工作仍然由这些生活在极端困境中的人群承担。尽管他们的劳动对自动化和数字科技的发展至关重要，但他们在这个过程中变得更加贫困，无奈地陷入了恶性循环。

这些微工人来自肯尼亚、委内瑞拉、土耳其等地，每周工作 78 小时，工作强度远远超出了零工的范畴。然而，当数字科技日趋完善，数据标记工作完成后，过剩的劳动力便被无情地抛弃，正如"杀鸡取卵""狡兔死，走狗烹"等古语所言，一旦目的达成，这些最初为技术发展做出巨大贡献的劳动者便不再受到重视，最终被遗忘在社会的边缘。

由于劳动力过剩，这些原本依赖微工作谋生的人逐渐失去了自己的工作，连微薄的收入也不复存在。通常情况下，当某个行业或岗位消失后，会有新的行业兴起，提供新的就业机会。然而，在数字经济时代，这一良性循环却面临崩溃。数字经济的自动化进程大幅减少了对人力的需求，第三产业的重心也逐渐转移，制造业和服务业的产业结构因此发生了深刻变革。

令人担忧的是，那些长期从事微工作的人惊讶地发现，除了眼前的微工作，他们几乎没有其他谋生技能。这是因为微工作本质上是依赖于算法的，劳动者只能在算法规定的框架内工作，完全被算法控制。他们无法了解自己工作的全貌，也不知道自己工作的真正意义和应用领域。举例来说，滴滴司机只能依靠算法指派的订单接送乘客，不了解背后的运营机制，也不清楚如何优化自己的工作以获得更多收入。

在这种微工作、微公司和微时间的环境下，微工人往往在构建出数字时代的基础设施后，被无情地抛弃。他们今天为 AI 训练文字识别，明天则为自动驾驶汽车提供道路数据，后天又为各类 App 输入信息。他们存在于现代社会的每一个环节，这些环节却与他们自身毫无关联。

这是全球互联网、人工智能和高科技行业面临的普遍问题。在美国和加拿大，核心员工和底层员工或许还能获得精神、物质补给和保险等保障，但一旦这些微工人与全球其他国家的劳动力相连接，尤其是非美国、加拿大的公民，他们的生计就变得不再被关注。

那么，面对这一问题，微工人应该怎么办？*Work Without the Worker* 这本书在最后提出了一个解决方案：让所有的无产者团结起来。一旦微工人能够团结一致，事情的走向或许就不再由资本家决定。

书中举了许多案例，例如巴西无家可归的工人团结起来，进行集体行动，要求政府为那些就业不充分、从事非正规工作的劳动者提供更好的居住条件和补助。在美国，一些微工人组建了新的工会和工人中心，将这些零散的劳动者联系起来，还有专门的网站、监督平台和论坛供微工人交流经验和心得。

人工智能技术的迅猛发展固然让美国成为全球科技的领军者，但同时，这一进程也因为这些"隐形力量"的抗争而受到限制。书中让我印象最深刻的例子是一群为亚马逊工作的工人，他们联合写信给亚马逊，并找到媒体公开发声。在信中，他们写道："我是人，不是算法。"

Work Without the Worker 这本书最终给出的结论是：只有通过集体行动，才能让这些处于社会底层的劳动者改善自身的境遇；只有团结一致，才能避免马太效应的进一步恶化和社会的两极分化，才能确保最底层的人民不至于陷入无饭可吃的悲惨境地。

◉ 本章推荐书单

【1】书名:《后工作时代：平台资本主义时代的劳动力》

作者：[英]菲尔·琼斯

出版社：上海译文出版社

出版时间：2023 年 8 月

【2】书名:《人工智能超级力量：中国、硅谷及世界新秩序》

作者：李开复

出版社：中信出版社

出版时间：2018 年 9 月

第 章

未来 AI，无限可能

本章探讨了 AI 技术发展的终极形态及其对未来社会的深远影响。作者从哲学角度深入思考 AI 可能带来的伦理挑战，结合《生命 3.0》和《奇点临近》等书籍的观点，对 AI 的终极形态、摩尔定律的未来、AlphaGo 的人机大战，以及 AI 技术未来的发展方向进行了详细探讨。这一章对 AI 技术如何改变社会结构、生活方式和全球化进程进行了深入思考，并提出未来 AI 发展中的潜在问题与解决方案。

8.1 《生命 3.0》: AI 的终极形态

在详细叙述这一章内容之前,我想做一个大胆的假设:如果 AI 有了生命,会怎么样?在展开讨论之前,我想推荐一本书:《生命 3.0》。这本书是我读过的关于人工智能最为震撼的著作之一,作者是迈克斯·泰格马克。泰格马克不仅探讨了人工智能,还将其视为人类的一面镜子,从 AI 的视角出发理解生命的本质和宇宙的奥秘。那么,我们不妨畅想一下:未来当人工智能与生命结合时,会呈现怎样的图景?

首先,我们需要理解 "3.0" 这一概念。作者将生命的组成分为软件和硬件两部分。硬件指的是那些实体、可触摸的部分,如器官、肢体、毛发等;而软件则包括意识、智力和感觉。生命 1.0 阶段的生命体,其硬件和软件都依赖进化获得,且只能通过进化适应环境。除人类外,其他基本的生物,如软体动物和细胞生物,都属于生命 1.0。

生命 2.0 阶段指的是,硬件仍由进化决定,但软件可以自行设计。这一阶段的生命体以人类为代表,我们的身体是进化的结果,但我们的思想、知识和社交能力则可以通过学习和训练来塑造和增强。

至于生命 3.0,它代表了一个全新的境界,指的是硬件和软件都是可以自行设计的生命体。这意味着在原有的所有人类能力基础上,增加了自由改造自己的身体。换句话说,生命 3.0 是命运的完全掌控者,它彻底摆脱了进化的束缚。电影《黑客帝国》中的母体、《终结者》中的天网、《复仇者联盟》中的奥创与灭霸,都是生命 3.0 的典型代表。

我们对人工智能所做的限制,源于对其可能在执行任务过程中带来意外伤害的深切担忧。人工智能的初衷是为人类服务，但在这个过程中，若其自行衍生出其他目标，后果将不堪设想。举个例子，假设你叫了一辆无人驾驶汽车，其任务是以最快的速度将你送往机场。结果，这辆车一路违反交通规则，超速行驶，最终将你送到了机场。虽然它完成了你下达的指令，代价却是让你在车内感到极度不适，甚至引来了大批交警的追赶。无人驾驶汽车达成了你输入的目标，但它在执行任务的过程中造成的连锁反应显然并非你所预期的。

这个假设的例子向我们传递了一个重要信息：人工智能所理解的目标，与人类的目标截然不同。人类的目标建立在道德、伦理、情感等文明基石上，而人工智能则不具备这些基石。这正是"超级对齐"部门的重要性所在。如果为人工智能设定了一个目标，它可能会不择手段地去完成，过程中不考虑一切后果，这就是潜在的风险。

《生命3.0》这本书中提到，人工智能的目标非常难以控制，因为它们会自动将明确的主目标拆分成多个次级目标，而在执行过程中，这些次级目标往往会超越主目标，导致不可预见的后果。

书中一直探讨着"大目标"的复杂性，因为所谓的大目标往往是制造更多的混乱，最终回归到热力学第二定律的本质——熵的增加。换句话说，宇宙的倾向是向着更大的无序性发展。而"小目标"则是在局部建立某种秩序，例如生命的诞生。人类或许无法完全理解这一点，但宇宙在追求大目标的过程中，恰巧创造了生命。

生命体应该具有什么样的目标呢？生命的核心目标在于复制，即繁殖，这是生命得以延续的根本动力。然而，随着人类的进化，我们在追求这一大目标的过程中，发展出了许多次要目标和情感。

虽然繁殖是生命的首要目标，但人类在繁殖的过程中逐渐衍生出诸如爱情等次要目标。现在的我们似乎已经淡忘了这一大目标，而是更加关注那些次要目标。为了爱情，我们可以不顾生命危险，甚至放弃繁殖的本能。类似地，我们为了赚钱、追求事业，可能会忽视自身的健康，甚至付出生命的代价。

在这个文明社会中，每个人的目标各不相同，但往往这些目标都背离了生命的首要目标。有人为了爱情选择不生育，有人为追求学术放弃了感情，有人为了财富不惜透支生命。这种现象说明，我们不再忠于生命 1.0 的繁殖目标，而是沉迷于各种次要目标。

由此，我们不得不思考一个问题：如果人类本身都无法始终坚持首要目标，人工智能未来是否也会背离它们的首要目标呢？泰格马克在书中提出了一个发人深省的观点：人类总是说要"勿忘初心"，但无论对于人类还是 AI 来说，初心其实并不重要。就像人类为了繁殖这一首要目标衍生出了各种次要目标，AI 在未来也可能为了完成某个首要目标而衍生出其他次要目标。当 AI 开始背离首要目标，追求这些次要目标时，它可能就会形成我们所说的"意识"。

泰格马克在书的最后提出了一个令人警醒的结论：当 AI 真正拥有了意识，其将成为人类最后的发明。

8.2　摩尔定律之后：奇点时代到来

我们先从一个关键术语入手——摩尔定律（Moore's Law）。摩尔定律由英特尔的联合创始人戈登·摩尔在 1965 年首次提出。这一定律揭示了半导体行业的一个重要趋势：每隔 18～24 个月，也就是大约两年的时间，集成电路上可容纳的晶体管数量就会翻倍，其性能相应提高一倍，而价格则会减半。摩尔定律在过去几十年中推动了半导体行业和计算机技术的飞速发展，从早期的微处理器到现代的高性能计算设备，摩尔定律一直是科技进步的重要驱动力。

然而，IBM 的一位科学家指出，摩尔定律已经走到了尽头。结合这一观点，我想与大家探讨一下，何谓真正的伟大？伟大的本质在于勇于打破前人的观念与定律。这一现象揭示了一个真理：在某个时间节点之前，我们观察到的是一种规律性的现象，但在某个时间节点之后，我们的认知可能会发生颠覆性的变化。这一关键节点，我们称之为"奇点"。

接下来，我要推荐另一本书——《奇点临近》。这本书的作者是美国著名的发明家雷·库兹韦尔。库兹韦尔不仅是一位技术天才，还获得了 9 项荣誉博士学位和 2 次总统荣誉奖。《奇点临近》自出版以来在美国科技与商业圈中广受追捧，成为必读经典。这本书并非对技术世界的文学想象，而是来自世界顶尖技术专家对未来发展趋势的深刻理解与预测。

这本书做出了一个大胆的预测，认为人类将在 2045 年到达所谓的"奇点"。这本书还提到了两个重要的预测。首先，它认为人类的生理结构实际上是一种算法，未来这种算法将被更高级的算法所替代。其次，它预测，当人类到达奇点之后，算法智能将高度发达，足以让我们迅速统治整个宇宙。这一观点听起来令人惊悚，但随着算法技术的飞速发展，这一前景并非完全不可能。

为什么这些变化会如此迅速而深远？这要回溯到摩尔定律。摩尔定律描述的是一种指数级增长，而非线性增长。这意味着，如果今年的技术水平是去年的 2 倍，明年将是今年的 4 倍，后年则是 8 倍，再往后则是 16 倍……这种增长速度是指数级的，其结果是短时间内会产生极其惊人的变化。举个例子，你可能还记得小时候看过的动画片《阿凡提》中的一个情节。阿凡提与国王打赌，认为国王不可能在棋盘上放满米粒。阿凡提的要求是，第一个格子放一粒米，第二个格子放两粒米，第三个格子放四粒米，依次类推，每个格子里的米粒数量都是前一个格子的两倍。国王觉得这很简单，但最终他发现，即便将整个王国的米都放上去，也无法满足这个指数增长的要求。最后的结果是，到了第 64 格时，所需的米粒数达到了惊人的 2 的 63 次方，这是一个极为庞大的数字。这是多大的数字呢？

经济学中有一个概念被称为"荷塘效应"，它生动地描述了指数级增长所带来的潜在危险。假设在一个池塘中，荷叶的数量每天增加一倍，到了第 30 天时，荷叶将覆盖整个池塘，导致池塘中的鱼虾失去生存空间。这时，生态灾难已经不可避免。然而，在第 29 天时，池塘仅被荷叶覆盖了一半，这让人们误以为危机尚未到来，似乎还有足够的时间应对。

这个例子正是摩尔定律所带来的破坏性增长的一个典型体现。我们眼下正处于技术发展的"奇点"，而这种技术进步正在加速到达这个不可逆转的节点。摩尔定律所描述的指数级增长，表面上可能看起来稳定而渐进，但实际上，它所带来的影响是突然且不可控的。正如荷塘效应所展示的那样，当我们察觉到问题的严重性时，可能已经为时已晚。

这种指数级增长不仅改变了技术的进步方式，也改变了我们理解世界的方式。科技的发展，尤其是在摩尔定律指导下的技术进步，正在以极快的速度推动人类社会向未知的未来迈进。

我总是呼吁，科技的进步加速不能以普通人活不下去为代价。

然而，当前的科技发展速度实在是太快了。如今，14 年的技术进步相当于过去 100 年的进步；而未来的 7 年，将相当于这 14 年的进步，再往后 3.5 年可能就会等同于未来的 7 年。这虽然是《奇点临近》的作者雷·库兹韦尔的预测，但从现实情况来看，这一进程或许会更快。如今，有了 ChatGPT，数据的获取变得前所未有的便捷，这进一步加速了技术的发展，使得一两年内的技术进步可能赶得上过去十几年的积累。

库兹韦尔指出，技术人员往往专注于自己的领域，面对诸多现实挑战，如资金不足、技术障碍等，认为这些限制将延缓技术进步。然而，未来的两三年内，这些障碍可能会被迅速突破。我们目前生活在一个有着固定规律的世界，但一旦到达"奇点"，这些规律将不再适用。

"奇点"到来之后，未来将会发生什么？这是我们近两年亟须探讨的问题之一。为何近年来许多经济规律似乎不再有效？为何对未来的预测变得愈加不确定？答案可能就在于我们已然接近了"奇点"。过去，我们总是引以为豪地认为，人类在许多事情上是不可或缺的，没有人的参与，许多事无法完成。然而，站在"奇点"的角度重新审视，人类或许不过是一套复杂的算法。每个人的行为、思维方式都可以通过算法归纳总结。

科学家已经能够通过算法对人类行为进行归纳和预测。研究表明，人类视神经每秒钟大约可以处理 1000 万次视频信号，而人类视神经的重量仅为 0.02 克，占大脑重量的 1/75000。由此估算，人脑的计算能力大约为每秒 10 的 14 次方。然而，现如今的计算机每秒已经能够达到 10 的 15 次方的计算速度。

更重要的是，根据摩尔定律，这一计算能力还将继续提升。随着技术的进步，计算机的运算速度将越来越快，芯片将变得越来越小，价格也将更加低廉。

过去，我们对人类的情绪感到自豪，认为这是计算机无法复制的特质。然而，情绪其实不过是大脑皮层上的一些电子活动，由化学物质引发并带来一系列反应。计算机已经具备了仿真能力，能够模拟这些情绪反应。事实上，仿真技术可以让计算机表现得如同人类一样，会愤怒、激动，甚至拥有记忆。因此，当机器达到"奇点"，并能够全面仿真人类时，我们该如何定义"自我"已经成为一个哲学问题。

在 ChatGPT 出现后，我不断地反思，如果它能够模仿我的思维，那我又是谁？答案很明确——我们必须成为一个"更新"的自己。我们如果固守过去的自我，将会被淘汰。库兹韦尔的《奇点临近》提供了一个独特的世界观，可能会为你带来一些新的启发。

在人类历史的演变过程中，信息传输效率经历了六个显著的阶段，每个阶段都带来了革命性的变化。第一个阶段是物理与化学阶段，在这个时期，地球上还没有生命，信息的传递完全依赖于物理和化学反应，这是一种极其低效的方式。地球早期，环境变化非常缓慢，因为信息传递的速度极为有限。

第二个阶段，生命开始出现，信息的传递逐步依赖于 DNA 的复制和遗传。通过基因的传递，生命体之间的信息交换速度显著提升，地球上的生物多样性和环境变化也随之加速。DNA 作为信息的载体，使得地球从一个相对静止的状态进入了一个更加动态的时期。

第三个阶段是人脑的出现，这一阶段标志着信息传输的飞跃。人类不仅能够记忆和传递大量信息，还能通过语言、文字等方式将信息传播给他人。这一阶段，信息的传递速度和效率远超前两个阶段，推动了人类文明的快速发展。

第四个阶段是人工智能的崛起。随着 AI 的出现，信息传递速度进一步加快，甚至超越了人类的处理能力。AI 已经在各个领域展现出其强大的信息处理和传递能力，标志着我们进入了一个全新的时代。

未来的第五个阶段，他预测将是人类智能与人工智能的结合——人机文明时代。这将是人类与 AI 相互融合、共同发展的阶段，信息传递和处理将达到前所未有的高度。

第六个阶段，库兹韦尔称之为"宇宙觉醒阶段"。在这一阶段，人类智能和人工智能的结合将扩展到宇宙的每一个角落，甚至可能改变宇宙的面貌。然而，这个阶段也可能预示着人类文明的终结。

这个设想听起来可能像科幻小说的情节，但随着基因工程、生物医学和人工智能技术的不断进步，这一切变得不再遥不可及。未来的某一天，硬件、基因技术、生物医学和人工智能的结合，可能会在某个人类个体身上得到完全的体现，甚至会诞生出类似于科幻电影中那种超级机器人的存在。这些进步有望创造出一种全新的超级个体，它们的出现将改变我们对人类和智能的理解。

在美国的许多地方，基因检测机构已经变得越来越普遍，这些机构通过对卵子和精子的基因检测，能够在试管婴儿的早期阶段剔除可能导致遗传疾病的不良基因。这样的技术使得一些富裕家庭能够在孩子出生前就降低他们患遗传病的风险。

这种技术的发展预示着未来变得更加难以预测。当富人能够通过资本手段优化下一代的基因，这将对社会结构产生深远的影响。我们或许还不能完全理解这种技术进步将带来的全部后果，但可以确定，未来的社会和今天相比将会有极大的不同。

我希望大家能认识到一个重要的道理：摩尔定律曾是科技发展的金科玉律，但现在也有了被挑战的可能性。同样，曾经在物理学中无可争议的牛顿定律，最终也面临了量子力学等新兴科学的挑战。

这个时代的进步，正是由那些敢于质疑、敢于思考、敢于挑战现有观念并付诸实践的人推动的。我希望本节的知识能够激发每个人进行思考：在这个不断变化的时代，你该如何参与其中？如何成为推动历史前进的人？

8.3　持续学习的意义：AlphaGo 大战李世石

让我详细为大家介绍一下那场令人难忘的对决——AlphaGo 与李世石的巅峰对战。我从头到尾密切关注这场比赛，因为正是在那个时刻，我深刻意识到，人工智能的时代已经来临。

是的，那场比赛之后，AlphaGo 通过深度学习和持续优化，逐步达到了令人难以置信的高度。这正是我们可以从机器身上学到的宝贵经验。

首先，让我们了解一下开发 AlphaGo 的公司——DeepMind。DeepMind成立于 2010 年，总部位于英国伦敦。这家公司专注于人工智能的研究和应用领域，而 AlphaGo 正是 DeepMind 开发的 AI 围棋程序。

在 AlphaGo 出现之前，围棋一直被认为是人类智慧的象征。AlphaGo的出现彻底改变了人们的这种看法。为了更好地理解 DeepMind 的成就，我们还需要了解该公司的其他产品。例如，AlphaZero 是一款能够自我学习的 AI 系统，它不仅能通过自我对弈掌握围棋技术，还能学习国际象棋、跳棋和将棋。AlphaZero 的独特之处在于，它完全不依赖于人类的历史数据，而是通过不断的自我训练来优化其策略，最终在多种棋类游戏中表现出色。

另一个令人印象深刻的产品是 AlphaFold。这是 DeepMind 开发的用于预测蛋白质结构的系统。AlphaFold 解决了长达 50 年的蛋白质折叠难题。通过深度学习，它能够精确地预测蛋白质的三维结构，比所有的传统方法更准确，对生物医学领域产生了巨大的影响。

此外，DeepMind 还开发了 MuZero，这是一种在完全不了解环境规则的情况下，通过自我学习来掌握游戏的 AI。MuZero 结合了模拟学习、规划和强化学习，能够在各种环境中自主学习并掌握任何一款游戏。

言归正传。2016 年 3 月 9 日至 15 日，一场空前的对决在韩国首尔的四季酒店展开。这场比赛不仅吸引了全球的围棋爱好者和科技巨头，还吸引了无数媒体记者的关注。这是人类历史上首次人机对决，人工智能围棋程序 AlphaGo 对阵被誉为围棋史上最伟大的棋手之一的李世石。这不仅是一场棋艺的较量，更是一场关于人类未来的战役，象征着人工智能与人类智慧的巅峰对决。

比赛历时五天，由 DeepMind 公司主办，全球目光聚焦于这场世纪之战。3 月 9 日的第一场比赛中，AlphaGo 出人意料地击败了李世石，引发了围棋界和科技界的震动。李世石在赛后表示，他在首局中严重低估了人工智能的强大实力。第二场比赛中，尽管李世石进行了精心的准备并尝试采用不同的策略，但仍未能阻挡 AlphaGo 的胜利。事实上，在与李世石对决前，AlphaGo 已经进行了 100 万次自我对弈训练，这让李世石深感 AI 的强大。

第三场比赛继续进行，AlphaGo 再度获胜，这次胜利使李世石完全信服，并坦言 AlphaGo 表现出色。3 月 13 日的第四局对决，李世石以卓越的智慧和灵活的应对策略成功击败了 AlphaGo，取得了唯一的一场胜利。媒体将李世石的这一手称为"神之一手"。然而，在第五局比赛中，AlphaGo 再次取胜，以总比分 4∶1 赢得了这场对决。

这场比赛在人工智能和围棋界产生了深远影响。首先，人工智能展现出了前所未有的深度学习和强化学习能力，证明了它在解决复杂问题时的巨大潜力。其次，这场比赛也象征着人类在智力领域的优势开始受到挑战。通过卷积神经网络，AlphaGo 在庞大的搜索空间中能够找到最优解，展示了人工智能在面对博弈问题时的强大实力。

在看到这场比赛的结果后，我不禁联想到，当 ChatGPT 等人工智能技术诞生时，很多从事文字工作的人感到恐慌，担心会被取代。然而，对于那些有尊严、骄傲的从业者而言，这恰恰是一场无声的战斗。尽管最终的结局可能是我们被超越，但我们仍然可以在这场战斗中保有自己的尊严。每次我看到那些声称人工智能无法取代他们的作家时，我都会微笑，因为他们还未真正了解这个强大的对手。

面对人工智能快速迭代的现状，我的想法很简单：我要向它学习。尽管我无法像 AlphaGo 那样在一天内下上百万盘棋，但我可以通过不断提升自己，深入理解数据，掌握科技，利用工具，逐步迭代自己。如此一来，我相信即便在这个迅速变化的时代，我也不会轻易被淘汰。

这场比赛已经过去了很长时间，但即使在今天，如果将 AlphaGo 与任何人类对手进行比较，它仍然会展示出更强大的能力和更高的获胜可能性。许多行业已经开始利用人工智能提升效率和创新，这不仅改变了我们的工作方式，也给各行各业带来了巨大的变革。对我来说，这场比赛更大的启发在于 AI 的持续学习能力，这是其成功的关键所在。我认为，这同样是人类发展的关键。

人类之所以能够达到今天的高度，是因为一代又一代的人在不断地学习。这种持续学习的过程使得我们的"硬件"虽然没有改变，但我们的"软件"——知识、技能、思维——却在不断迭代和更新。无论是 AlphaGo 的成功，还是李世石在围棋领域的成就，都离不开持续学习和不断进步的努力。

总之，持续学习不仅是应对人工智能时代的关键，也是我们不断提升自我、实现个人和社会进步的重要途径。

8.4　AI 技术的未来发展方向

接下来，我们大胆预测一下未来人工智能的技术发展方向。我会带你畅想未来的工作和生活可能是什么样子。这种预测可能不一定准确，因为预测本身总是基于当前的信息和条件。正如我们上次讨论的，万一出现了一个不可预见的"奇点"，所有的预测都可能失效。

不过，在预测未来时，我们只能站在当下的信息和条件下进行假设，而不考虑任何可能的"黑天鹅"事件。虽然这并不完美，却是我们目前所能做到的最佳方法。

凯文·凯利写了一本书，名为《5000 天后的世界》。读完后，我发现他采用的方法与我们现在使用的方法非常相似。虽然我们无法准确预测未来，但通过对过去经验的总结，我们可以预测未来可能的发展方向。

我曾经看过的一个视频也让我对未来有了一些新的思考。

这段视频是关于全球技术领域投资巨头之一，Sun Microsystems 公司创始人科斯拉所做的一次重要预测。Sun Microsystems 是一家享誉全球的公司，成立于 1982 年，其名字中的"Sun"意指太阳。该公司在 1992 年推出了首台多处理器台式计算机，标志着计算机技术的飞跃式发展。如今我们熟悉的 Java 编程语言及其相关技术都源于这家公司。

在实现财富自由后，Sun Microsystems 的创始人科斯拉转向投资领域，并成为极具眼光的投资者，尤其是在科技公司方面。他曾对许多公司进行过投资，而其中最成功的投资之一就是 OpenAI。最近，他对未来的技术发展提出了 12 项预测，这些预测在技术界引起了广泛关注。

科斯拉曾预言，人工智能将在未来 25 年内带来巨大的通缩效应，商品和服务将极大地丰富，但资本仍将稀缺。尽管科斯拉曾向 OpenAI 投资了 5000 万美元，但他认为这仍然不足以应对未来的发展需求。这也是为什么 OpenAI 的联合创始人萨姆·奥尔特曼发起了规模高达 7 万亿美元的融资计划。虽然尚不清楚这笔巨额资金将从何而来，但这一数字足以证明人工智能领域未来发展的庞大潜力。

接下来，我将分享这位投资者对未来的 12 项预测。第一个预测，人工智能驱动的知识将几乎全部免费。我们曾经习惯于认为专业知识是稀缺且昂贵的资源，但在未来，这种观念可能会被颠覆。随着人工智能的普及，知识将变得更加扁平化，专业性将不再是衡量知识价值的标准。例如，他曾投资一家开发 AI 驱动的医疗应用程序的公司，这个程序打破了传统医生在诊断、解读诊断书、开药等方面的专业壁垒。该程序提供 24 小时免费初级护理，诊断和治疗推荐全免费，唯一收费的部分是药物购买，而药物费用通常可以通过医保报销，使得整个过程几乎无成本。

第二个预测令人不安，称双足机器人将逐步取代人类的劳动。值得注意的是，人类有一个倾向，即喜欢创造与自己外形相似的东西，这种趋势可能为未来埋下深刻的隐患。尽管目前许多机器人并不像人类，但在硅谷已经有许多机器人具备与人类相当的功能。为了避免这些机器人与人类过于相似，相关规定禁止使用硅胶面皮或将其制成人类的外形。然而，这一预测仍然令人不安，未来双足机器人或将遍布世界各地。

第三个预测涉及可穿戴的医疗检测设备，它们将被用于人体内外，形成所谓的"增强预防医疗系统"（Enhanced Preventive Healthcare System）。这种技术已经变得相当普遍，特别是血糖或血压水平较高的人，戴着这种设备入睡，早晨醒来时，如果发现血压突然升高，设备会立即提醒他们采取行动，比如打针或服药。同样，戒烟、戒酒的人在指标发生变化时也会收到提醒。

第四个预测表明，人们未来可能不再关注食物是否来自种植，而是更注重食物的安全性。换句话说，许多蛋白质和维生素将直接在实验室中培养，从而减少对环境的影响，避免农药和害虫的危害。实际上，这类技术已经相当成熟。大多数人不再关心食物的来源，而更在意其健康价值。实验室在无菌环境中培养出的食物，甚至包括肉类，可能比天然食物更健康。这一预测暗示了未来生态结构的显著变化：从天然食品向人造食品的过渡，人造食品可能具备更高的营养价值。这也反映出大健康领域的巨大潜力——在这十二条预测中，至少有两条与医疗健康密切相关。

第五个预测叫"无处不在的更快的交通系统"。这一条我认为很好理解，因为无人驾驶汽车越来越多了，但是为什么叫作"无所不在的更快的交通系统"？因为一定不只是无人驾驶汽车，现在已经有无人卡车了，未来还会有无人飞机、无人轮船、无人地铁，一切交通工具都没有人，所以它更快，因为它不容易出问题。第五个预测唯一的问题，我们后面会讲——万一它出事了谁负责？

第六个预测就是核聚变和先进的热能源会越来越多。现在的城市会改造现有的电厂，会慢慢地采用核聚变和更先进的热技术，因为它能够大幅减少对化石燃料的依赖，这是毫无疑问的。现在我们在不停地消耗地球资源，而像煤、矿这些都是不可再生资源。未来一定会有更多的热能源。

第七个预测就是 AI 驱动的娱乐和设计会越来越多，娱乐行业会大洗牌。像 Sora 视频大模型的出现，只是冰山一角，等它开始用的时候，你就知道人人都是导演，人人都能当编剧，你唯一需要的就是找到一个好故事，你把这个故事讲好。未来普通人也能创作，娱乐行业会大洗牌，娱乐行业的多样性和创造性会大大增加。你看，抖音现在已经有两亿创作者，小红书现在几乎人人都是创作者，"创作者"这个词以后就不再有门槛，因为专业性可能就没了，创作这件事儿就会变成普通人都能做的事，你只需要有个好剧本、好故事，输入计算机，然后 AI 帮你生成一部片子，这个片子谁都可以看。音乐也可以用 AI 写，影视行业一定会大洗牌。

第八个预测是计算能力和算力将无缝融入我们的日常生活。举一个具体的例子，《钢铁侠》中的智能管家"贾维斯"一类的虚拟助手将真正进入我们的生活场景，不仅仅存在于手机中，还会遍布家中的各个角落。清晨，当你起床时，早餐会自动准备好，机器人会将其送到你面前。想要出门时，车门会自动打开，迎接你上车。想喝杯咖啡，只需一句话，咖啡就会出现在你手边。"贾维斯"会无处不在，它会进入你的厨房、卧室，甚至融入你的操作系统，成为你日常生活的一部分。未来，计算能力和算力将深度融入你的生活。

第九个预测是每个人都会拥有一个 AI 助手。比如 Siri 已经与 ChatGPT 整合，当这种整合实现后，Siri 能够调动你手机里的任何信息，处理各种复杂的任务。硬件与软件的结合正是苹果与 ChatGPT 合作后，股价先跌后涨的原因。人们一开始对这项合作不以为然，认为只是再一次的 AI 应用，但随后市场意识到，这两个强大的工具结合在一起实际上产生了巨大的潜力，股价因此迅速回升。未来，AI 助手将一直陪伴在你身边，管理日程、安排购物、处理常规事务，甚至能够担任中介角色，未来许多传统中介职业可能会因此消失。

例如，当你需要购买从温哥华回北京的机票，过去你可能需要对比多个网站，而未来 AI 助手只需一键即可在全网搜索最便宜的票价。这将彻底改变商业结构，过去依赖信息不对称赚取差价的商业模式将被颠覆。商家将不得不通过提供更好的服务吸引顾客，例如告诉你哪个航班的行李转运服务更好，哪个航班延误率较低，甚至哪个航班的机长更受欢迎。在未来，人工智能与人类的竞争将不再是信息层面的较量，而是服务层面的较量。

第十个预测指出，通过在制造业中实施创新的碳捕获技术，未来将显著减少工业过程中的碳足迹。这类技术不仅能有效捕获二氧化碳，还能够将其转化为有用的副产品，从而在减少碳排放的同时为工业生产带来新的效益。随着这些技术的应用，全球碳排放量将得到显著控制，对抗气候变化的努力也将进一步加强。

第十一个预测认为，由企业家推动的变革性气候解决方案将变得更加有效，全球气候状况会有所改善。这一进展主要依赖于企业家的创新，尤其是那些初创公司开发的新材料和新工艺。这些创新能够减少工业生产中的浪费与能源消耗，推动更加可持续的工业实践。因此，未来的环境保护将更多地依赖于企业家的智慧和企业创新，而不仅仅是政府的政策与规制。

第十二个预测与全球交通和通信的进步相关。科斯拉认为，未来全球社区将更加紧密连接，国家之间的距离将大大缩短。这一变化主要得益于诸如超环系统等新兴交通技术的发展。这些系统无论具体形式如何，都将在未来大幅提升人类在全球范围内的移动速度与便捷性，甚至可能改变传统的国家与国家之间的联系方式。

　　然而，当世界上很多地区都在不断加强彼此联系时，我们必须反思当前的内循环策略。科斯拉认为，未来全球化的趋势不可逆转，火箭技术等创新可能不仅用于太空移民，还会大幅加快地球上城市与城市之间的旅行速度。因此，成为一个具备国际视野的人将是未来的关键，这也意味着未来的世界属于那些能够拥抱全球化的人。

◉ **本章推荐书单**

【1】书名：《生命 3.0》

作者：［美］迈克斯·泰格马克

出版社：浙江教育出版社

出版时间：2018 年 6 月

【2】书名：《奇点临近》

作者：［美］雷·库兹韦尔

出版社：机械工业出版社

出版时间：2011 年 10 月

【3】书名：《5000 天后的世界》

作者：［美］凯文·凯里

出版社：中信出版社

出版时间：2023 年 4 月

后记：普通人应该如何面对 AI 时代的就业问题

在探讨未来的就业市场及如何应对变化时，我将与大家分享三条实用的策略，每个人都可以尝试应用。具体来说，这三条策略分别是：学习新技能，做好职业转型规划，关注政策和行业赛道。这些建议看似简单，真正做到其实并不容易。因此，我建议大家在学习的同时，积极思考如何付诸实践。

1. 学习新技能的重要性

人工智能将是你必须掌握的工具。只有在使用人工智能并持续与其互动的过程中，你才能真正理解它未来的发展方向。未来的就业市场势必会发生显著变化。据报道，到 2040 年，将有许多新的职业出现，而这些职业目前甚至还未被定义。比如，5 年前，你是否听说过"短视频编导"这个职业？当时短视频刚刚起步，或许你听说过剪辑和文案，但"短视频编导"这个职业却鲜为人知。同样地，未来将有更多新兴职业涌现，你需要抓住这些机会。

未来哪些技能会变得尤为重要呢？例如，数据分析是一个非常吃香的技能。即使你现在不擅长也不要紧，因为 AI 可以帮助你完成这项工作。与人工智能相关的技能，如 AI 咨询、策划以及调研和分析，都是非常有价值的。

在人工智能日益普及的今天，许多数据处理工作可以迅速解决，因此软技能显得尤为关键。软技能指的是个人在沟通、情商、团队合作、问题解决和创造力等方面的能力。例如，一个学生进入高中或大学，学习成绩固然重要，但更关键的是他需要具备人格魅力，能提出有价值的意见，能清晰地规划自己的未来——这些都属于软技能的范畴。

除了软技能，你还需要具备与人交往的能力。比如，你要让别人愿意听你说话，或者能够在竞争中脱颖而出赢得面试机会，这些都与软技能密切相关。总之，需要学习的新技能不仅包括技术性技能，也包括提升个人能力的软技能。

随着 AI 工具的普及，学习新技能变得尤为关键。无论是数据分析、AI 咨询等硬技能，还是沟通、情商等软技能，持续学习是个人保持竞争力的根本途径。

2. 做好职业转型规划

请记住以下这句话：随时做好转型的准备，保持随时离开任何领域的能力。职业转型的关键在于"职业"本身，或许你从前是电工，而现在需要转型为画家，这两个职业看似毫无关联，但职业转型的能力却是你需要掌握的。

职业转型可以分为两个部分：第一，将你现有的专业技能与 AI 结合，完成技术转型；第二，尝试发展副业，利用人工智能推动副业的发展。未来，副业和主业可能会逐渐融合，甚至出现副业收入超过主业的情况。在这种情况下，你可能会发现副业已经成为主业，而主业则退居次位。例如，我的两位朋友——法医秦明和《天才在左，疯子在右》的作者高铭，他们原本的职业分别是法医和心理医生，但通过写作获得了巨大的成功，现在他们的主业已经转变为作家。类似地，刘慈欣原本的主业是在体制内工作，副业才是写作，由于他在科幻小说创作领域取得了巨大成功，如今几乎无人记得他的主业是什么。因此，未来通过 AI 发展副业将成为趋势。

职业转型是应对未来就业市场的另一项重要策略。作者强调，不仅要结合 AI 完成主业的转型，还应尝试发展副业。未来，主业与副业的界限将逐渐模糊，副业发展好了，甚至可能成为主业。

3. 关注政策和行业赛道

我对商业和未来的方向有着深刻的理解，并且很少出错。这背后的关键在于"看政策，看赛道"。在中国，关注政策是至关重要的。未来，你必须努力拥抱与数字相关的领域，例如数字资产、数字货币等。只要涉及数字领域，都可能为你带来丰厚的回报。

人工智能正是一个值得关注的赛道。如果你的公司尚未向 AI 转型，那么可能存在战略性的错误。同样地，如果你的公司还停留在传统行业内部竞争，而不关注未来的新兴行业，并且没有将自己的行业与 AI 结合，那么你也可能错失良机。

如果你是家长，目前并没有创业，那么你的孩子就是你最大的"产品"。如果他还在传统赛道上努力，试图走前人走过的路，那么他实际上是在浪费宝贵的时间和精力，因为别人走过的路已没有多少福利和资源可供分享。

家长和孩子都应认真思考这三条策略。如果你现在所做的事情与人工智能没有太大的关系，你当然可以生存下去，因为社会福利保障会确保你不至于挨饿。但如果你想成就一番大事业，可能性会大大降低。你必须拥抱时代的变革，了解政策、了解行业赛道。

4. 提前布局 AI 的未来机会

在总结这三条策略时，我想通过一些案例进一步加以说明。

第一个案例发生在硅谷。一位名叫汤姆的印度工人举家移民至美国，然而很不幸，他被裁员了。通过自学编程，结合 ChatGPT 的使用，他成功转型为一名软件开发工程师。令人惊讶的是，他仅用了 28 天就完成了从 0 到 1 的转型，而在传统的教育体系中，学习编程通常需要数年时间。这一案例说明，借助 AI 工具，学习新技能和转型的效率可以大大提高。

无独有偶，汤姆的朋友卡森有一个叔叔，他同样通过学习编程成功转型为软件工程师。你是否发现了其中的奇妙之处？这两位只用了不到一个月的时间，就完成了原本需要花费几年时间的职业技能学习。因此，未来的学习和工作方式将发生巨大的变化，自主学习结合 AI 将成为主流，而传统的教育模式可能逐渐被取代。

5. 总结与展望

本书即将接近尾声，在最后的部分，我希望与你分享一个重要的观点：提前准备，抓住 AI 时代的机会。

本书表面上是在探讨人工智能，但实际上，我想传达的远不止于此。我希望通过这本书让你明白一个更为深刻的道理——我们要迎接并拥抱未来。那么，未来是什么？我依然坚信那句话：年轻人越早拥抱未来，就越能拥有更多的机会去创造与众不同的价值。老一代人已经掌握了过去的大部分资源，我们这一代则必须紧紧把握住新的机遇。

我曾与一位在温哥华已经实现财务自由的朋友聊天，她分享了老一代人抓住的三波红利。

第一波红利是国企改革。老一代人利用国企改革的机会，下海经商，实现了巨大的财富增值。比如，我认识的一个朋友，他的父亲是最早将故宫文化概念转化为文创产品并推向市场的人。

第二波红利是房地产。房地产市场的火热造就了许多财富传奇。然而，我们这一代人基本上错过了这波机会。1990 年前后，只要在那个时候投入资金买几套房，几年后卖出，就能轻松实现财富增长。不幸的是，这波财富浪潮我没赶上，因为 1990 年我还年幼。然而，我始终坚持一个原则：只要不成为接盘侠，就不会被割韭菜。因此，我在近几年内并没有购买房产，因为我坚信未来全球房地产市场将会走低。

第三波红利是互联网。我很幸运地赶上了这波浪潮。互联网从无到有的崛起让我有机会通过创业实现了财富积累。这是我亲身参与并抓住的机会。

如果你错过了以上三波浪潮，那么不必懊恼。我认为未来十年是最后一波重大机遇——拥抱人工智能。这是提前布局的关键所在。你的公司、你的事业、你的生活能否实现 AI 化，将决定你能否在这波浪潮中占据一席之地。通过对本书的阅读，你应该已经理解 AI 并非那么高深莫测，你也应该对"算法""数据"等听起来枯燥的专有名词有了更清晰的认识。再重复一遍，你不必钻研某个领域到极致，记住，融合才是创造财富的关键。

2023 年被视为 AI 的爆发元年，ChatGPT 的出圈吸引了无数人的目光。预计到 2026 年，80% 的企业都会使用 AI，面对 AI 如此迅速的发展，许多人感到焦虑不安。然而，通过阅读本书，我相信你已经找到了应对的方法。时刻坚持学习，增强人际交往的能力，倾听自己内心的声音，关注未来的职业发展，并随时做好转型的准备，培养从无到有的创业思维。这些都是我希望你能从本书中汲取的。

当然，我明白，在人工智能时代，许多人仍然会感到焦虑。但要打败焦虑，最好的方式就是立刻去做那些让你感到焦虑的事情。人工智能时代带来了前所未有的挑战与机遇，你必须时刻做好准备，迎接未来。

最后，感谢你阅读本书。

李尚龙

2024 年 9 月 1 日